Access 2016

数据库应用技术教程

主　编　冯　娟　卢秀丽　冀　松
副主编　刘永立　翟伟芳　王　艳

辽宁大学出版社 | 沈阳
Liaoning University Press

图书在版编目（CIP）数据

Access 2016 数据库应用技术教程/冯娟，卢秀丽，冀松主编. --沈阳：辽宁大学出版社，2024.12.

ISBN 978-7-5698-1647-1

Ⅰ. TP311. 132. 3

中国国家版本馆 CIP 数据核字第 202433SF84 号

Access 2016 数据库应用技术教程

Access 2016 SHUJUKU YINGYONG JISHU JIAOCHENG

出 版 者：辽宁大学出版社有限责任公司

（地址：沈阳市皇姑区崇山中路 66 号　　邮政编码：110036）

印 刷 者：河北浩润印刷有限公司

发 行 者：辽宁大学出版社有限责任公司

幅面尺寸：185mm×260mm

印　　张：21.25

字　　数：310 千字

出版时间：2024 年 12 月第 1 版

印刷时间：2024 年 12 月第 1 次印刷

责任编辑：张　蕊

封面设计：徐澄玥

责任校对：张宛初

书　　号：ISBN 978-7-5698-1647-1

定　　价：78.00 元

联系电话：024-86864613

邮购热线：024-86830665

网　　址：http://press. lnu. edu. cn

《Access 2016 数据库应用技术教程》从 Access 2016 的基础入门开始，详细地介绍了关系型数据库管理系统的基础理论及应用系统开发技术。本书共分 8 章，系统介绍了数据库理论、表、查询、窗体、报表、宏、模块与 VBA 等内容。同时，借助"图书借阅管理系统"为开发案例，详细介绍了使用 Access 2016 开发一个数据库应用系统的全过程。

　　本书在编排上注重理论基础与实践应用的结合，在内容讲解上循序渐进、图文并茂、直观生动。书中列举了大量的操作实例，并配有丰富的实例图片，且每章后均附有习题，以便读者读起来清晰简明，操作起来有章可循。

　　本书既可作为高职高专院校计算机及相关专业的教材，也可作为高等院校本科非计算机专业计算机公共课程的教材，还可作为参加全国计算机等级考试（二级 Access）人员的辅导书及 Access 2016 数据库培训班的培训教材。

数据库应用技术是计算机应用的重要组成部分，该课程不仅是计算机专业的必修课程，同时也是高校一些非计算机专业的必修课程之一，并成为非计算机专业继"大学计算机基础"课程之后的重要课程。

Access 2016 是微软公司推出的一款功能强大的数据库管理系统软件，主要用于数据库应用系统的开发。使用 Access 可以对大量数据进行分析、开发行业系统软件和开发小型网站等，它是目前中小型企业应用最多的数据库，是目前十分流行的数据库管理系统软件。本书全面讲解 Access 2016 数据库的应用技巧，以提高初学者数据库应用系统的开发能力，帮助其解决需求问题。

本书以教育部《全国计算机等级考试二级 Access 数据库程序设计考试大纲》为依据，编写的宗旨是突出应用技术，面向实际应用，从实用性和先进性出发，以通俗易懂的语言、示例化的方法，深入浅出地讲解了 Access 数据库的各项功能及应用。通过一个完整的数据库应用实例，直观系统地介绍数据库基础知识和应用开发技术。

全书共包含 8 章：第 1 章介绍数据库基础知识与 Access 2016 系统；第 2 章介绍 Access 数据库的创建与管理；第 3 章介绍数据表，包括数据表的创建、表的编辑及表间关系的创建；第 4 章介绍查询的创建方法；第 5 章介绍窗体的创建、窗体的设计和修饰等；第 6 章介绍报表的组成、报表的创建、报表排序和分组统计等；第 7 章介绍宏的基本概念、宏的创建与设计以及宏的运行与调试等；第 8 章介绍模块与 VBA 编程基础知识。

本书由冯娟、卢秀丽、冀松担任主编，刘永立、翟伟芳、王艳担任副主编。其中，冯娟编写了第 4 章和第 5 章，卢秀丽编写了第 3 章和第 6 章，第 7 章由冯娟和卢秀丽共同编写完成，冀松编写了第 2 章，王艳编写了第 1 章，第 8 章由刘永立和翟伟芳共同编写完成。全书的数据库由冯娟、卢秀丽设计。全书由冯娟统稿，冯娟、卢秀丽、冀松、刘永立、翟伟芳和王艳校核。

　　由于编者水平有限，加之时间仓促，书中难免存在疏漏和不足之处，敬请读者批评指正。

第 1 章　数据库基础与 Access 2016

第2章 创建与管理数据库

第3章 表

第4章 查 询

第5章 窗 体

第6章 报 表

第7章 宏

第 8 章　模块与 VBA 编程

数据库基础与 Access 2016

数据库技术作为数据管理技术，是计算机科学与技术的一个重要分支，是目前应用较广的技术之一。今天，我们生活的方方面面都离不开数据库。本章主要介绍数据库的基本概念和基本理论，数据库系统的发展，数据库系统的体系结构、数据模型，关系数据库及 Microsoft Access 2016 的基础知识，旨在为后面各章的学习打下基础。

1.1 数据管理技术

在当今信息社会，电子商务和社交网络已全面普及，信息与数据已经成为各行各业的重要财富和资源，而所有与数据信息有关的业务及应用系统都需要数据库技术的支持。数据库技术是管理数据的一种科学技术方法，它专门研究如何组织和存储数据，如何高效地获取和处理数据，进而为人类生活的方方面面提供数据服务。

1.1.1 数据及数据处理

数据（Data）是人们用于记录事物情况而存储在某一种媒体（如计算机）上的物理符号。数字、字符以及所有能输入计算机中并被计算机处理的符号都可以看成数据，如"马明德""保定理工学院""20"都是数据。在实际应用中，数据可分为三种：第一种是数字，可以参与数值运算的数值型数据，如年龄、价格等；第二种是由字符组成的，不能参与数值运算的字符型数据，如姓名、性别、单位等；第三种是图形、图像、声音等多媒体数据，如照片、歌曲、视频等。

信息（Information）是将数据根据需要进行加工处理后得到的结果，信息对数据接收者来说是有意义的。例如，"马明德""保定理工学院""20"只是单纯的数据，没有具体意义，而"马明德的年龄是 20 岁"就是一条有意义的信息，"保定理工学院的招生专业有 20 个"也是一条有意义的信息。

数据处理是指将数据加工处理成信息的过程，包括对数据的采集、存储、分类、排序、检索、维护、计算、加工、统计和传输等一系列操作，其主要作用是通过分析、归纳、推理等科学方法，利用计算机技术、数据库技术等技术手段，从大量的、杂乱无章的、难以理解的数据中，提取出有价值的、有意义的信息。

数据和信息是数据处理中的两个基本概念，数据是信息的载体，信息是各种数据所包含的意义。但并非任何数据都能成为信息，只有经过加工处理的数据才能成为信息。

1.1.2 数据管理技术的发展历程

随着计算机技术的发展，数据管理技术的发展大致经历了人工管理、文件系统和数据库系统 3 个阶段。

1.1.2.1 人工管理阶段

计算机诞生初期主要用于科学计算。受当时硬件和软件技术的限制，外部存储器只有纸带、卡片和磁带，而没有磁盘等可以直接进行存取的存储设备；在软件方面，没有操作系统和数据管理软件。因此，数据处理是以人工管理方式进行的，计算机系统不具备对用户数据进行管理的功能。用户在编制程序时，必须全面考虑好相关的数据，包括数据的定义、存储结构、存取方法等。数据不可独立存在、不能共享，程序和数据是一个不可分割的整体，加重了程序设计的负担。

1.1.2.2 文件系统阶段

20 世纪 50 年代后期到 60 年代中期，计算机不仅用于科学计算，还大量用于信息处理。在硬件方面，出现了外存，如磁盘、磁鼓等；在软件方面，出现了高级语言和操作系统，应用程序利用操作系统的文件管理功能可实现数据的文件管理方式。数据可以组织成文件，能够被长期保存和反复使用，同时数据和应用程序之间有一定的独立性。但由于数据的组织仍是面向程序的，随着数据管理规模的扩大，数据量急剧增加，文件系统逐渐显露出数据冗余、数据联系弱等缺陷。

1.1.2.3 数据库系统阶段

数据库系统阶段开始于 20 世纪 60 年代末。随着计算机应用的日益广泛，数据管理的规模也越来越大，需要处理的数据量急剧增加，同时随着硬件技术的发展，出现了大容量的磁盘。计算机硬件价格下降，而编写和维护软件的成本相对增加，文件系统已经无法满足多应用、多用户的数据共享需求，于是出现了统一管理数据的数据库管理系统。数据库管理系统可以把所有应用程序中要使用的数据整合起来，按统一的数据模型存储在数据库中，提供给各个应用程序使用。数据与应用程序之间完全独立，且数据具有完整性、一致性和安全性等特点，并具有充分的共享性，有效地减少了数据冗余。

1.1.3 数据库管理技术的新发展

数据库技术发展的初期先后经历了第一代数据库系统（层次数据库和网状数据库系统）和第二代数据库系统（关系数据库系统），特别是自 20 世纪 70 年代使用关系数据库后，数据库技术得到了蓬勃发展。但随着新需求的不断提出，占主导地位的关系数据库系统已不能满足新的应用领域的需求，因此出现了许多不同类型的新型数据管理技术，下面对这些技术进行简要介绍。

1.1.3.1 分布式数据库系统

分布式数据库系统是数据库技术与网络技术相结合的产物。一个分布式数据库在逻辑上是一个统一的整体，在物理上则是分别存储在不同的物理节点上。分布式数据库系统中的数据分布在计算机网络的不同物理节点上，而且这些数据在逻辑上属于同一个数据库系统，数据间相互关联。并且，每个节点都有自己的计算机软硬件资源，包括数据库、数据库管理系统等，既能仅供本节点的用户存取使用，又能供其他节点上的用户存取使用。

1.1.3.2 面向对象数据库系统

面向对象数据库系统是面向对象的程序设计技术与数据库技术相结合的产物，其特点是具有面向对象技术的封装性和继承性，提高了软件的可重用性。面向对象数据库系统包括了关系数据库管理系统的全部功能，只是在面向对象环境中增加了一些新内容，其中有些是关系数据库管理系统所没有的。另外，将面向对象技术应用到数据库应用开发环境中，使数据库应用开发工具能够支持面向对象的开发方法并提供相应的开发手段，这对于提高应用的开发效率及增强应用系统界面的友好性、系统的可伸缩性和可扩充性等具有重要的意义。

1.1.3.3 数据仓库

数据仓库技术是基于信息系统业务发展的需要，基于数据库系统技术发展而来，并逐步独立的一系列新的应用技术。随着客户机服务器技术的成熟和并行数据库的发展，信息处理技术实现了从大量事务型数据库中抽取数据，并将其清理、转换为新的存储格式的过程，即为了达到决策目标而把数据聚合在一种特殊的格式中。随着此过程的发展和完善，这种支持决策的、特殊的数据存储即被称为数据仓库。数据仓库的建立并不是要取代数据库，它要建立在一个较全面和完善的信息应用的基础上，用于支持高层决策分析，而事务处理数据库在企业的信息环境中承担的是日常操作性的任务。数据仓库是数据库技术的一种新的应用，截止目前，还是用关系数据库管理系统来管理数据仓库中的数据。

1.1.3.4　数据挖掘

数据挖掘又称数据库中的知识发现，它是一个从数据库中获取有效的、新颖的、潜在有用的、最终可理解的知识的复杂过程。简单来说，数据挖掘就是从大量数据中提取或"挖掘"知识。数据挖掘技术已经成为数据仓库应用中极为重要和相对独立的工具，同时，数据挖掘和数据仓库的协同工作，可以迎合和简化数据挖掘过程中的重要步骤，提高数据挖掘的效率和能力，确保数据挖掘过程中数据来源的广泛性和完整性。

1.1.3.5　大数据

大数据是一种在获取、存储、管理和分析方面规模大大超出传统数据库软件工具能力范围的数据集合，具有数据规模大、数据种类多、数据处理速度快和数据价值密度低四大特征。对大数据而言，随着云计算技术、分布式处理技术、存储技术和感知技术等的发展，原本很难收集和使用的数据开始容易被利用起来了。现在，大数据已逐步被广泛应用起来。例如，在互联网行业，借助大数据技术可以分析客户行为，从而进行商品推荐和针对性广告投放；在城市管理行业，可以利用大数据实现智能交通、环保监测、城市规划和智能安防等；在疫情防控工作过程中，可以利用通信大数据查询动态行程信息。

1.2　数据库系统

1.2.1　数据库系统的组成

数据库系统是指安装和使用了数据库技术的计算机系统。它是一个整体，一般包括数据库（Data Base，DB）、数据库管理系统（Data Base Management System，DBMS）、数据库应用系统（Data Base Application System，DBAS）和数据库用户四大部分。数据库系统，如图1-1所示。

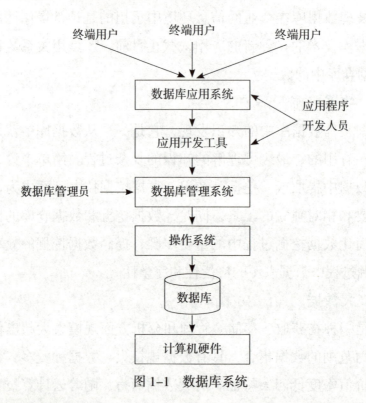

图1-1　数据库系统

1.2.1.1 数据库

数据库（DB）是一个长期存储在计算机内的、有组织的、可共享的、统一管理的相关数据的集合。数据库中的数据按一定的数据模型进行组织、描述和存储，具有较低的冗余度、较高的数据独立性和易扩展性，可以被多个用户、多个应用程序共享。

数据库中不仅包括描述事物的数据本身，还包括相关事物之间的联系。一个数据库由若干张表（Table）组成。例如，要创建一个图书借阅系统的数据库，就需要建立读者表、图书表、图书借阅表、图书类别表和读者类别表等，每个表都具有特定的结构，且表与表之间有某种关联。在数据库的物理组织中，表以文件形式存储。

1.2.1.2 数据库管理系统

数据库管理系统（DBMS）是位于用户和操作系统之间的一层数据管理

软件，是数据库系统的核心软件。DBMS 在操作系统的基础上工作，其主要任务是支持用户对数据库的基本操作，以及对数据库的建立、运行和维护进行统一管理和控制。用户不能直接访问或操作数据库，只能通过 DBMS 提供的操作语言来使用或维护数据库中的数据。具有代表性的数据库管理系统有 Oracle、Microsoft SQL Server、MySQL 及 Microsoft Access 等。

数据库管理系统具有以下几个方面的功能。

（1）数据定义功能。使用数据定义语言（Data Definition Language，DDL）定义数据库的结构、数据之间的联系等。

（2）数据操纵功能。使用数据操纵语言（Data Manipulation Language，DML）实现对数据库的基本操作，如数据的检索、插入、删除、修改等。

（3）数据库运行管理功能。使用数据控制语言（Data Control Language，DCL）实现整个数据库系统的并发控制、安全性检查、完整性约束条件的检查等功能。它们在数据库运行过程中监视对数据库进行的各种操作，控制管理数据库资源，处理多用户的并发操作等。

（4）数据库的建立和维护功能。通过一些实用程序完成数据库初始数据的输入与数据转换、数据库的转储与恢复、数据库的重组与重构、数据库性能的监视与分析等。

（5）数据通信功能。通过与通信相关的使用程序，与操作系统协调完成数据的传输，实现用户程序与 DBMS 之间数据的通信。

1.2.1.3 数据库应用系统

数据库应用系统（DBAS）是指系统开发人员利用数据库系统资源，为某一类实际应用的用户使用数据库而开发的软件系统，也就是我们常说的应用程序。数据库应用系统需要通过数据库接口技术，在数据库管理系统的支持下才能获取或修改数据库中的数据。

数据库管理系统通常指 Access、SQL Server、Oracal 等软件，而数据库应用系统则是指在这些软件中开发的系统，如微信、淘宝等各种手机软件，图书借阅管理系统，飞机售票管理系统，教务管理系统等。

1.2.1.4 数据库用户

数据库用户主要有以下四类。

（1）数据库管理员。数据库管理员负责数据库的总体信息控制，包括数据库的规划、设计、维护、监视等工作。

（2）终端用户。终端用户是指通过应用程序界面使用数据库的用户。他们利用系统的接口或查询语言访问数据库，不必了解数据库原理和实现细节，数据库对于他们而言是透明的。

（3）系统分析员和数据库设计人员。系统分析员负责应用系统的需求分析和规范说明，确定系统的软硬件配置和参与数据库系统的概要设计；数据库设计人员负责确定数据库中的数据和设计数据库的各级模式。

（4）应用程序开发人员。应用程序开发人员负责开发使用数据库的应用程序，这些应用程序可对数据进行检索、建立、删除或修改等。

1.2.2 数据库系统的内部体系结构

数据库系统的内部体系结构是三级模式和二级映射。三级模式分别是概念模式、外模式和内模式；二级映射分别是概念模式到内模式的映射、外模式到概念模式的映射，具体结构体系，如图 1-2 所示。

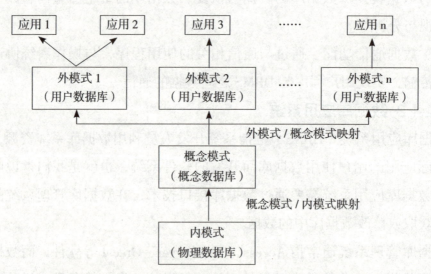

图 1-2 数据库系统内部的三级模式、二级映射结构体系

1.2.2.1 数据库系统的三级模式

（1）概念模式（Conceptual Schema），又称模式或逻辑模式，它是数据库中全部数据的整体逻辑结构和特征的描述，是所有用户的公共数据视图。定义概念模式时不仅要定义数据的逻辑结构（如数据记录由哪些数据项构成，数据项的名字、类型等），还要定义与数据有关的安全性、完整性约束要求，以及定义这些数据之间的联系等。一个数据库只有一个概念模式，以概念模式为框架组成的数据库被称为概念数据库，体现了数据库操作的接口层。

（2）外模式（External Schema），又称子模式或用户模式，它是数据库用户（包括应用程序开发人员和最终用户）所见到和使用的局部数据的逻辑结构和特征的描述，是数据库用户的数据视图，也是与某一应用有关的数据的逻辑表示。一个概念模式可以有若干个外模式，以外模式为框架组成的数据库称为用户数据库，体现了数据库操作的用户层。

（3）内模式（Internal Schema），又称存储模式或物理模式，它是数据的物理结构和存储方式的描述，是数据在数据库内部的表示方式。一个数据库只有一个内模式，以内模式为框架组成的数据库称为物理数据库，体现了数据库操作的存储层。

1.2.2.2 数据库系统的二级映射

数据库系统的三级模式之间的联系是通过二级映射来实现的，二级映射保证了数据库系统中的数据能够具有较高的逻辑独立性和物理独立性。

（1）外模式 / 概念模式的映射。对于每一个外模式，数据库系统都有一个外模式到概念模式的映射，它定义了外模式与概念模式之间的对应关系。外模式是用户的局部模式，而概念模式是全局模式。当概念模式发生改变时，由数据库管理员对各个外模式 / 概念模式的映射做相应改变，可以使外模式保持不变，从而不必修改应用程序，以保证数据与程序的逻辑独立性。

（2）概念模式 / 内模式的映射。概念模式到内模式的映射定义了数据全局逻辑结构与物理存储结构之间的对应关系。当数据库的存储结构改变时（如换了另一个磁盘来存储该数据库），由数据库管理员对概念模式 / 内模式的映射做相应改变，可以使概念模式保持不变，从而保证数据的物理独立性。

1.3 数据模型

数据模型是从现实世界到机器世界的一个中间层次。由于计算机不能直接处理现实世界中的具体事物，所以必须将这些具体事物转换成计算机能够处理的数据。数据是现实世界符号的抽象，而数据模型则是数据特征的抽象。数据模型从抽象层次上描述了系统的静态特征、动态行为和约束条件，为数据库系统的信息表示与操作提供了一个抽象的框架。

1.3.1 数据抽象过程

把现实世界中的客观事物转换为数据库中存储的数据是一个逐步抽象的过程，这个过程经历了现实世界、信息世界和计算机世界三个阶段。数据的转换过程，如图 1-3 所示。

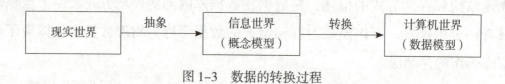

图 1-3　数据的转换过程

1.3.1.1 现实世界

现实世界是指客观存在的事物及其相互间的联系。现实世界中的事物有着众多的特征和千丝万缕的联系，计算机处理的对象是现实世界中的客观事物，在实施处理的过程中，首先需要对事物进行整理、分类和规范，进而将规范化的事物数据化，最终实现由数据库系统存储和处理。

1.3.1.2 信息世界

信息世界又称为概念世界，是人们把现实世界中的事物信息和联系用规范化的数据库定义语言来定义描述所构成的逻辑模型，该模型称为概念模型。概念模型是面向数据库用户的对现实世界的抽象与描述的数据模型，它的表示方法很多，目前较为常用的是实体－联系模型（Entity Relationship Model），简称 E-R 模型。

1.3.1.3　计算机世界

计算机世界又称为数据世界，是将信息世界的内容数据化后的产物。计算机世界将信息世界中的概念模型进一步转换成数据模型，形成计算机能够处理的数据表现形式。

1.3.2　概念模型

最常用的概念模型表示方法是 P.P.Chen 于 1976 年提出的"实体 – 联系模型"（即 E–R 模型），可使用 E–R 图来表示。

1.3.2.1　E–R 模型的基本要素

（1）实体（Entity）。客观存在并可以相互区别的事物称为实体。实体可以是人、事、物（例如：读者、图书），也可以是抽象的概念和联系（例如：读者和图书的关系）。同一类型实体的集合称为实体集。

（2）属性（Attribute）。用来描述实体的特性称为属性。一个实体可以由若干个属性来刻画，如一位读者具有姓名、年龄、性别等属性信息。不同的属性具有不同的取值范围，属性的取值范围称为该属性的值域。例如，"年龄"属性的值域是 0~150。

（3）联系（Relationship）。实体之间的对应关系称为联系。例如，读者和图书之间具有借阅关系。

使用 E–R 图来表示 E–R 模型。实体用矩形框表示，在框内标注实体名称；属性用椭圆形框表示，框内标注属性名；联系用菱形框表示，框内标注联系名称；用连线将实体与属性、实体与联系相连。E–R 图的表示符号，如图 1–4 所示。

图 1–4　E–R 图的表示符号

1.3.2.2　实体间的联系

两个实体之间的联系可分为以下三种类型：一对一联系（1：1）、一对多联系（1：n）、多对多联系（m：n）。

（1）一对一联系（1∶1）。对于实体集 A 中的每一个实体，实体集 B 中只有一个实体与之联系，反之亦然，则称实体集 A 和实体集 B 具有一对一的联系，记作 1∶1。例如，一所学校只能有一位校长，一位校长只能管理一所学校，校长与学校之间的联系就是一对一。

（2）一对多联系（1∶n）。对于实体集 A 中的每一个实体，实体集 B 中有 n 个实体与之联系；反之，对于实体集 B 中的每个实体，实体集 A 中只有一个实体与之联系，则称实体集 A 与实体集 B 具有一对多的联系，记作 1∶n。例如，一个部门拥有多个员工，但一个员工只能在一个部门任职，部门和员工之间的联系就是一对多。

（3）多对多联系（m∶n）。对于实体集 A 中的每一个实体，实体集 B 中有 n 个实体与之联系，反之，对于实体集 B 的每个实体，实体集 A 中有 m 个实体与之联系，则称实体集 A 与实体集 B 具有多对多的联系，记作 m∶n。例如，一位读者可以借阅多本图书，一本图书也可以被多位读者借阅，读者和图书之间的联系就是多对多。E-R 图示例，如图 1-5 所示。

图 1-5　E-R 图示例

1.3.3　关系数据模型

数据模型是实现数据抽象的主要工具，任何一个数据库管理系统都是基于数据模型建立的。目前，成熟地应用于数据库系统中的数据模型有层次模型、网状模型和关系模型。而这三者间的根本区别在于实体之间联系的表示方式不同，层次模型以"树结构"来表示实体之间的联系；网状模型以"图结构"来表示实体之间的联系；关系模型用"二维表"（或称为关系）来表示实体之间的联系。

1.3.3.1　层次模型

用树状结构表示实体及实体之间联系的数据模型称为层次模型。层次模型是数据库系统最早使用的一种模型，它的数据结构是一棵"有向树"，根结点在最上端，子结点在下，逐层排列。在层次模型中，每一个结点表示一个实体，结点之间的连线表示实体之间的联系。这种模型适用于表达一对多的层次联系，但不能直接表达多对多的联系。层次模型示意图，如图 1-6 所示。

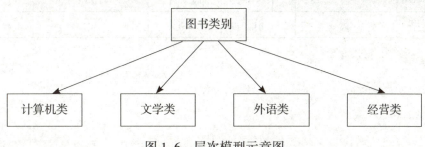

图 1-6　层次模型示意图

1.3.3.2　网状模型

用网状结构表示实体及实体之间联系的数据模型称为网状模型。网状模型和层次模型类似，用每个结点表示一个实体，结点之间的连线表示实体间的联系，但与层次模型不同的是，网状模型允许一个以上的结点无父结点，并且一个结点可以有多个父结点。网状模型示意图，如图 1-7 所示。网状数据模型能更直接地表示实体间的各种联系，但它的结构复杂，实现的算法也复杂。

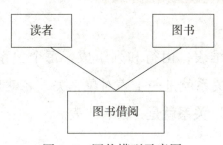

图 1-7　网状模型示意图

1.3.3.3　关系模型

用二维表的形式表示实体和实体之间联系的数据模型称为关系模型。在关系模型中，操作的对象和结果都是二维表，每个二维表又可称为关系。关系模型是目前最流行的数据库模型。支持关系模型的数据库管理系统称为关系数据库管理系统，Access 就是一种关系数据库管理系统。

表 1-1 比较了 3 种数据模型的优缺点。

表 1-1　模型优缺点

数据模型	占用内存空间	处理效率	设计弹性	数据设计复杂度	界面亲和力
层次模型	高	高	低	高	低
网状模型	中	中—高	低—中	高	低—适度
关系模型	低	低	高	低	高

1.4　关系数据库

　　关系数据库是采用关系数据模型作为数据的组织方式的数据库。关系数据库的特点在于它将每个具有相同属性的数据独立地存储在一个表中，把复杂的数据结构归纳为简单的二维表格，用户界面简单。

1.4.1　关系的术语

1.4.1.1　关系

　　关系就是一张二维表，由行和列组成。每个关系都有一个关系名。在Access 2016 中，一个关系就是一个表对象，关系名就是数据库中表的名称。如图 1-8 所示，"读者"关系就是"读者"表。

图 1-8　"读者"关系→"读者"表

描述一个关系的格式为：

关系名（属性名 1，属性名 2，…，属性名 n）

例如，表 1–1 "模型优缺点"的关系描述格式是：模型优缺点（数据模型，占用内存空间，处理效率，设计弹性，数据设计复杂度，界面亲和力）

1.4.1.2　元组

二维表中的行称为元组，每一行是一个元组，它对应于实体集中的一个实体。在 Access 2016 中，元组称为记录。如图 1–8 所示，"读者"表里的每一个元组代表一位读者。

1.4.1.3　属性

二维表中的列称为属性，每一列有一个属性名。在 Access 2016 中，属性称为字段。如图 1–8 所示，"读者"表里的"读者编号"就是读者的一个属性。

1.4.1.4　值域

属性的取值范围称为值域，关系的每个属性都必须对应一个值域。如图 1–8 中的"性别"字段，值域只能是"男"或"女"两个值。

1.4.1.5　主键

主键又称关键字或主码，是二维表中某个属性或属性的组合，其值能唯一地标识一个元组。如图 1–8 中"读者"表的"读者编号"字段可以唯一确定一个元组，就称为本关系的主键。因为可能重名，所以"姓名"字段不能作为该关系的主键。

一个表只能有一个主键，而主键可以是一个字段，也可以由若干字段组合而成。

1.4.1.6　外键

外键是外部关键字的简称。在关系模型中，为了实现表与表之间的联系，通常将一个表的主键作为数据之间联系的纽带放到另一个表中，这个起联系作用的属性就称为另一个表的外键。如图 1–9 中"读者"表的"读者编号"属性是"读者"表的主键，"图书借阅"表的"读者编号"属性是"图书借阅"表的外键。通过"读者编号"这个公共属性，使得"读者"表和"图书借阅"表产生了联系。

读者编号	姓名	性别	手机
A2008101	马晓红	女	15901010×××
A2008102	工一诺	男	15901010×××
A2008103	杨帆	男	15901010×××
A2008104	李娜	女	15901010×××

主键

"读者"表

借阅编号	图书编号	读者编号	借阅日期
1	C0101	A2008101	2022/6/8
2	C0105	A2008102	2022/8/9
3	C0103	A2008103	2022/5/10
4	C0105	A2008104	2022/4/11

外键

"图书借阅"表

图 1-9　利用外键实现表和表的联系

关系是一个二维表，但并不是所有二维表都是关系。关系模型对关系有一定的要求，关系应具有以下特点。

（1）关系中的每个属性值都是原子项，不可再分。

（2）关系中的各列是同质的，即每一列的属性值必须是同一类型的数据，来自同一个值域。

（3）在同一个关系中不能出现相同的属性名，即不允许同一表中有相同的字段名。

（4）关系中不允许有完全相同的元组，即冗余。

（5）在一个关系中，元组和列的次序无关紧要，可以任意交换，不影响数据的实际含义。

1.4.2　关系运算

关系运算的运算对象是关系，运算结果也是关系。关系运算分为两大类：一类是传统的集合运算（并、差、交等），另一类是专门的关系运算（选择、投影和连接等）。

1.4.2.1　传统的集合运算

进行运算的两个关系必须要具有相同的关系模式，即元组有相同的结构。

下面以读者 A（表 1-2）和读者 B（表 1-3）两个关系为例，来说明传统的集合运算中的并运算、差运算和交运算。

表 1-2　读者 A

读者编号	姓名	性别	手机
A2008101	马晓红	女	15901010×××

续表

读者编号	姓名	性别	手机
A2008102	王一诺	男	15901010×××
A2008103	杨帆	男	15901010×××
A2008104	李娜	女	15901010×××

表 1-3　读者 B

读者编号	姓名	性别	手机
A2008101	马晓红	女	15901010×××
A2008105	李浩然	男	15901010×××
A2008106	张国良	男	15901010×××
A2008107	张悦鑫	女	15901010×××

（1）并运算。两个关系的并运算可以记作 R∪S，其运算结果是将两个关系的所有元组组成一个新的关系，若有相同的元组，则只留下一个。

读者 A∪读者 B 的运算结果见表 1-4。

表 1-4　读者 A∪读者 B 的运算结果

读者编号	姓名	性别	手机
A2008101	马晓红	女	15901010×××
A2008102	王一诺	男	15901010×××
A2008103	杨帆	男	15901010×××
A2008104	李娜	女	15901010×××
A2008105	李浩然	男	15901010×××
A2008106	张国良	男	15901010×××
A2008107	张悦鑫	女	15901010×××

（2）差运算。两个关系的差运算可以记作 R-S，其运算结果是由属于 R 但不属于 S 的元组组成一个新的关系。

读者 A- 读者 B 的运算结果见表 1-5。

表 1-5　读者 A- 读者 B 的运算结果

读者编号	姓名	性别	手机
A2008102	王一诺	男	15901010×× ×
A2008103	杨帆	男	15901010×× ×
A2008104	李娜	女	15901010×× ×

（3）交运算。两个关系的交运算可以记作 R∩S，其运算结果是将两个关系的公共元组组成一个新的关系。

读者 A∩读者 B 的运算结果见表 1-6。

表 1-6　读者 A∩读者 B 的运算结果

读者编号	姓名	性别	手机
A2008101	马晓红	女	15901010×× ×

1.4.2.2　专门的关系运算

（1）选择。选择运算是从一个关系中找出满足给定条件的元组的操作。其中，条件是逻辑表达式，条件为真的元组组成一个新的关系，是原关系的一个子集，关系模式不变。选择是从行的角度进行的运算。例如，从表 1-2 中选出"性别"为男的读者信息，选择运算结果见表 1-7。

表 1-7　选择运算结果

读者编号	姓名	性别	手机
A2008102	王一诺	男	15901010×× ×
A2008103	杨帆	男	15901010×× ×

（2）投影。投影运算就是从一个关系中选择指定的属性（表中的列），并将被选中的属性重新排列组成一个新的关系的操作。投影是从列的角度进行的运算。例如，从表 1-2 中选取读者编号、姓名和手机属性组成一个新的关系，投影运算结果见表 1-8。

表 1-8　投影运算结果

读者编号	姓名	手机
A2008101	马晓红	15901010×××
A2008102	王一诺	15901010×××
A2008103	杨帆	15901010×××
A2008104	李娜	15901010×××

（3）连接。连接运算是从两个或多个关系中选取属性间满足一定条件的元组，组成一个新的关系的操作。连接运算是一个组合运算，可以将两个或多个关系合成一个大关系。每个连接操作都包括一个连接类型和一个连接条件，连接条件决定运算结果中元组的匹配和属性的去留；连接类型决定如何处理不符合条件的元组。

最常用的连接操作是自然连接，指按照公共属性值相等的条件连接，再消除重复的属性。例如，将表 1-2 和表 1-9 自然连接，其运算结果见表1-10。

表 1-9　图书借阅

借阅编号	图书编号	读者编号	借阅日期
1	C0101	A2008101	2022/6/8
2	C0105	A2008102	2021/8/9
3	C0103	A2008101	2021/5/10
4	C0105	A2008104	2022/4/11

表 1-10　自然连接运算结果

读者编号	姓名	性别	手机	借阅编号	图书编号	借阅日期
A2008101	马晓红	女	15901010×××	1	C0101	2022/6/8
A2008101	马晓红	女	15901010×××	3	C0103	2021/8/9
A2008102	王一诺	男	15901010×××	2	C0105	2021/5/10
A2008104	李娜	女	15901010×××	4	C0105	2022/4/11

此外，还有内连接、左外连接、右外连接和全外连接等，详细内容将在后续章节详细介绍。

1.4.3 关系的完整性规则

关系模型的数据完整性是对关系数据库的一种约束条件，以保证数据的正确性和一致性。数据的完整性由数据完整性规则来维护，数据完整性规则有如下三种。

1.4.3.1 实体完整性

实体完整性要求关系中的主键不能取空值或重复的值。如果主键是多个属性的组合，则这些属性均不得取空值。例如，表1–2的"读者"关系，将"读者编号"属性作为主键，那么意味着该列不得有空值并且不得有重复的值，否则将无法对应某位具体的读者。

1.4.3.2 参照完整性

参照完整性反映了"主键"属性和"外键"属性之间的引用规则，不允许关系引用不存在的元组，即外键取值只能是关联关系中的某个主键值或空值。例如，在"读者"关系表1–2和"图书借阅"关系表1–9中，"图书借阅"关系的外键"读者编号"属性的取值必须存在于"读者"关系中，而且是"读者"关系的主键。

1.4.3.3 用户定义完整性

实体完整性和参照完整性是关系模型中必须满足的完整性约束条件。除此之外，不同的关系数据库系统根据其应用环境的不同，或是为了满足应用方面的要求，往往还需要一些特殊的约束条件，而这些完整性是由用户定义的，因此称为用户定义完整性。比较常见的用户定义完整性是设置属性的数据类型、取值范围、是否允许空值等。例如，对于表1–2中的"手机"这个属性的约束条件必须定义为11位。

1.4.4 数据库应用系统开发流程

数据库应用系统的开发流程一般分为六个阶段。

1.4.4.1 需求分析阶段

需求分析是数据库设计的起点，这一阶段要准确了解和分析用户对系统的要求，它是整个设计的基础。需求分析的结果将直接影响后面各个阶段的设计，并影响最终的设计结果是否合理和实用。

1.4.4.2 概念模型设计阶段

概念设计是数据库设计的关键，是将需求分析得到的用户需求抽象为概念模型的过程。概念模型是各种逻辑模型的共同基础，长期以来被广泛使用的概念模型是实体－联系模型（E-R 模型），它将现实世界的要求转化成实体、属性、联系等几个基本概念及它们之间的基本连接关系，用 E-R 图直观地表示出来。

1.4.4.3 逻辑模型设计阶段

逻辑设计阶段的任务是将概念模型转换为数据库管理系统所支持的数据模型，并对转换结果进行规范化处理。如果采用的是关系数据库，就是将 E-R 图转换为关系模型的过程。

1.4.4.4 物理模型设计阶段

数据库的物理设计阶段的任务是对数据库内部的物理结构作调整并选择合理的存取路径，以提高数据库访问速度并有效利用存储空间。

1.4.4.5 系统实施阶段

系统实施阶段的任务是根据数据库逻辑设计和物理设计的结果建立数据库，创建各种数据库对象，编制与调试应用程序，组织数据入库并试运行。

1.4.4.6 系统运行和维护阶段

在数据库系统的运行过程中，要不断地对数据库的设计进行评价、调整和修改，这是一个长期的工作。

在实际开发过程中可以根据应用系统的规模和复杂程度进行灵活调整，无须刻板地遵守整个开发流程，但总体上应当符合"分析→设计→实现"这个基本流程。

1.5 初识 Access 2016

Access 2016 是微软办公软件包 Office 2016 的一个组件，是一种关系型的桌面数据库管理系统，由 2013 版升级而来，用户的操作和使用更加方便，功能也更加完善和人性化。

1.5.1 Access 2016 的启动和退出

1.5.1.1 启动

当用户安装完 Office 2016（典型安装）之后，Access 2016 也被成功地安装到系统中。启动 Access 2016 的方法有：

（1）单击"开始"菜单按钮，移动鼠标指针到"Access 2016"并单击，即可启动 Access 2016 应用程序。

（2）如果在桌面或任务栏中建立了快捷方式，可直接双击桌面的快捷方式图标或单击任务栏的快捷方式图标，即可启动 Access 2016 应用程序。

（3）在"资源管理器"窗口双击某个 Access 数据库文件来启动 Access 2016 并打开相应数据库。

1.5.1.2 退出

退出 Access 2016 应用程序也就是关闭 Access 2016 窗口，其基本方法就是单击 Access 2016 窗口右上角的"关闭"按钮或者使用 Alt+F4 组合键关闭窗口。

1.5.2 Access 2016 的工作界面

Access 2016 应用程序启动后即可打开系统的主界面，界面布局随操作对象的变化而不同，打开表对象后其工作界面如图 1-10 所示。Access 2016 的主窗口由标题栏、功能区、工作区和状态栏 4 部分组成，其中工作区是数据库的操作窗口，对数据库所有对象的操作均在此区域内完成；标题栏由控制图标、自定义快速访问工具栏、标题和"控制"按钮组成；功能区是菜单栏和工具栏的主要替代部分，提供了 Access 2016 中主要的命令界面；状态栏在 Access 2016 窗口的底部，显示状态消息、属性提示、进度提示等。

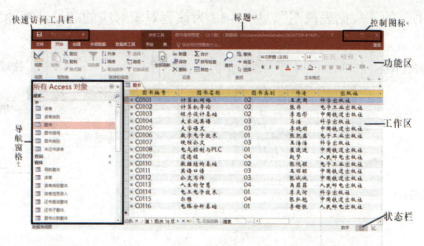

图 1-10 Access 2016 的工作界面

1.6 Access 2016 中的对象

Access 2016 数据库包含表、查询、窗体、报表、宏、模块 6 个对象，每个对象有不同的任务，各对象之间存在某种特定的依赖关系。所有的数据库对象都保存在一个扩展名为 .accdb 的数据库文件中，只要在导航窗格显示的分类对象列表（例如"查询"对象列表）中双击某个具体对象，该具体对象的相应视图（例如数据表视图）就会显示在工作区中。

1.6.1 表

表就是指关系数据库中的二维表，它是整个数据库系统的数据源，也是数据库系统中其他对象的基础。Access 2016 数据库中的所有数据都以表的形式保存，通常，创建了数据库之后的首要任务就是设计、创建数据库中的各个表。用户可以在不同的表中存储不同类型的数据，同时，通过在表之间建立关联，可以将不同表中的数据联系起来。

使用表对象主要是通过数据表视图和设计视图来完成，如图 1-11 为表对

象"图书"的"数据表视图",图 1–12 为该表对象对应的"设计视图"。

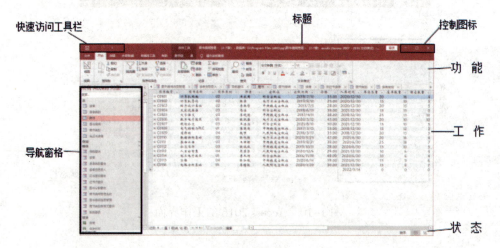

图 1–11　表的"数据表视图"

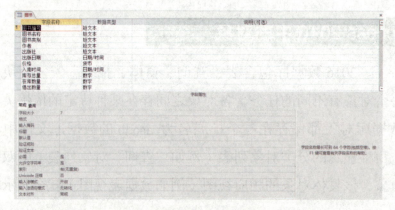

图 1–12　表的"设计视图"

1.6.2　查询

　　查询是数据库设计目的的体现,查询对象实际上是一条查询命令,打开查询对象便可以检索到满足指定条件的数据库信息。实质上,查询是一条 SQL 语句。用户可以利用 Access 2016 提供的命令及工具,以可视化的方式或直接编辑 SQL 语句的方式来创建查询对象。利用不同的查询方式,不仅可以方便、快捷地浏览数据库中的数据,还可以实现数据的统计分析和计算等操作。查询的"数据表视图"如图 1–13 所示,查询的"设计视图"如图 1–14 所示。

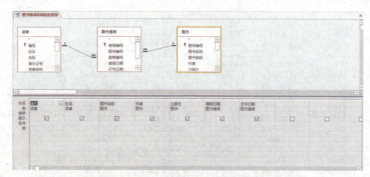

图 1-13 查询的"数据表视图"

图 1-14 查询的"设计视图"

1.6.3 窗体

　　窗体对象是用户和数据库之间的人机交互界面。在这个界面中，用户不仅可以浏览、输入和更改数据，还可以运行宏和模块，实现更加复杂的功能。一个设计良好的窗体既可以将表中的数据以较为友好的方式显示出来，方便用户对数据进行浏览和编辑，也可以简化用户输入数据的操作，尽可能避免因人为操作不当而造成的失误。窗体是 Access 数据库对象中最灵活的一个对象，其数据源可以是表和查询。对数据进行维护的窗体的"窗体视图"如图 1-15 所示，其对应的窗体的"设计视图"如图 1-16 所示。

图 1-15 窗体的"窗体视图"

图 1-16 窗体的"设计视图"

1.6.4 报表

报表是以打印格式展示数据的一种有效方式，它对表中的数据或查询内容进行分组、排序或统计等，然后打印出来。报表的"预览视图"如图 1-17 所示，其对应的报表的"设计视图"如图 1-18 所示。

图 1-17　报表的"预览视图"

图 1-18　报表的"设计视图"

1.6.5 宏

宏是一个或多个操作命令的集合。由于在进行数据库操作时，有些任务需要经过烦琐的操作过程并执行多个命令才能完成，所以如果需要经常执行这些任务，则可以将执行这些任务的一系列操作命令记录下来组成一个宏，以后只要执行一条指令就可以自动完成相应任务，从而简化操作、实现自动化，使管理和维护 Access 数据库更加简单。宏的"设计视图"，如图 1-19 所示。

图 1-19 宏的"设计视图"

1.6.6 模块

模块是用 Access 2016 数据库提供的 Visual Basic for Application（简称 VBA）语言编写的程序。对于一些复杂的数据库操作，Access 允许用户编写代码来实现。在模块中，利用 VBA 语言编写程序代码，可以实现一个功能复杂的数据库应用。

1.7 Access 2016 中的数据

作为数据库管理系统，Access 中的数据也有类型之分。在设计表的过程中，设计重点就是定义数据表所需要的字段，明确每个字段的数据类型及相应属性。在操作数据库的过程中会随时使用表达式和函数。

1.7.1 字段的数据类型

Access 2016 中定义了 12 种数据类型，它们分别是：短文本、长文本、数字、日期 / 时间、货币、自动编号、是 / 否、OLE 对象、超链接、附件、计算、查阅向导。字段的数据类型见表 1-11。

表 1-11　字段的数据类型

数据类型	标识	说明	大小
短文本	Short Text	Access 系统默认数据类型，存储文字字符及不具有计算能力的数字字符	不超过 255 字符
长文本	Long Text	存储长度较大的文本和不必计算的数字	大于 255 字符，不超过 1GB 字符
数字	Number	只可保存数字，可分为整型、长整型、单精度型和双精度型。Access 系统默认该字段数据类型为长整型字段	2、4、4、8 字节
日期 / 时间	Datetime	可以保存日期和时间，允许范围为 100/1/1 至 9999/12/31。根据数据显示格式不同又可分为常规日期、长日期、中日期、短日期、长时间、中时间、短时间等类型	8 字节
货币	Money	可以保存用于计算的货币数值与数值数据，不用输入货币符号及千位分隔符	8 字节
自动编号	AutoNumber	可以存储递增数据和随机数据，无须输入	4 或 16 字节
是 / 否	Yes/No	存储只包含两个值的数据，常用来表示逻辑判断结果	1 位
OLE 对象	OLE Object	用于嵌入和链接其他应用程序所创建的对象，可以是电子表格、文档、图片等	最大可达 1GB
超级链接	Hyperlink	用于存放超链接地址，可以是文件路径、网页名称等表示超链接地址，单击打开	最长 2048 个字符
附件	Attachment	存储数字图像等二进制文件的首选数据类型	
计算	Calculate	用于存储计算结果	
查阅向导	Lookup Wizard	创建字段，允许使用列表框或组合框从另一个表或值列表中选择一个值	与用于执行查阅的主键字段大小相同，通常 4 字节

1.7.2 表达式

　　表达式是各种数据、运算符、函数、控件和属性的任意组合，其运算结果是某个确定数据类型的值。表达式能实现数据计算、条件判断、数据类型转换等多种作用。

　　表达式由运算符和操作数构成。

1.7.2.1 运算符

　　运算符是用来表示运算性质的符号。Access 中常用的运算符有 4 种，分别是算术运算符、关系运算符、逻辑运算符和连接运算符。下面分别进行具体介绍。

　　（1）算术运算符。算术运算符用于实现常见的算术运算，常见的算术运算符及示例见表 1-12。

表 1-12　算术运算符及示例

优先级	运算符	含义	说明	示例	
				表达式	结果
1	^	指数		3^2	9
2	–	取负	取负时为单目运算符	–2	–2
3	*	乘法		3*2	6
	/	浮点除法	执行标准除法，结果为浮点数	6/2	3
4	\	整数除法	操作数为整数，若为小数则四舍五入成整数后再运算，结果为整数	5/2	2
5	Mod	取余	操作数若为小数，先四舍五入成整数后再运算。结果为整数，与被除数符号相同，如 5Mod–2 值为 2	12mod5	2
6	+	加法		1+1	2
	–	减法		4–2	2

（2）连接运算符。连接运算符用于字符串连接，常见的连接运算符有"+"和"&"两个，见表1-13。

表1-13 连接运算符

优先级	运算符	含义	说明	示例	
				表达式	结果
7	+	连接	两个操作数必须为字符型。当两个操作数都为数值型时，就变成了加法符号，执行加法运算；当一个操作数为数值型，另一个为字符型时，则出错。	"10" + "34"	"1034"
				"10" +34	出错
	&	连接	两个操作数既可为字符型也可为数值型。当操作数为数值型时，系统自动先将其转换为数字字符，再进行连接操作。	"10" &34	"1034"
				10&34	"1034"
				"AB"&"34"	"1034"
				"AB" &34	"1034"

当连接符两旁的操作数都为字符型时，两个连接符等价。

（3）关系运算符。关系运算符用于比较两个运算量之间的关系，运算结果为逻辑值。若关系成立，则结果为True；若关系不成立，则结果为False。关系运算符及示例见表1-14。

表1-14 关系运算符及示例

优先级	运算符	含义	说明	示例	
				表达式	结果
8	>	大于	字符型数据按照字符的ASCII码值从左到右一一比较，直到出现第一个不同字符为止；数值型数据按数值大小比较；日期型数据按照日期先后顺序比较，日期大则大，日期小则小。	"abc">"ABC"	True
	>=	大于等于		"A" ≥ "ABC"	False
	<	小于		3<2	False
	<=	小于等于		6<=2	False
	=	等于		5=2	False
	<>	不等于		12<>5	True

（4）逻辑运算符。逻辑运算符用于逻辑运算，运算结果为逻辑值True或

False。逻辑运算符及示例见表 1-15。

表 1-15　逻辑运算符及示例

优先级	运算符	含义	说明	示例	
				表达式	结果
9	Not	非	求反	Not（10>3）	False
10	And	与	同时成立，即两个操作数同时为 true 时，结果才为 True。	（10>3）And（5<3）	False
11	Or	或	或者成立，即只要有一个操作数为 true，结果就为 True。	（10>3）Or（5<3）	True

除上述运算符外，Access 中还有特殊运算符和项目访问符。

1.7.2.2 运算符的优先级

Access 中常用的 4 种运算符的计算优先级关系为：

算术运算符 > 连接运算符 > 关系运算符 > 逻辑运算符

（1）在所有的算术运算符中，单目运算符指数和取负（＾和 –）的优先级最高，其次是双目运算符乘法和除法（*和 /），次之是整数除法（\），再次之是取余运算（Mod），最后是加法和减法（＋和 –）。

（2）所有的关系运算符优先级相同，也就是说按照从左到右的顺序进行计算。

（3）在逻辑运算符中，三个运算符的优先级均不相同，具体为 Not>And>Or。

（4）括号的优先级最高，在表达式求解过程中，可以通过小括号改变优先顺序，强令表达式的某些部分优先运行。

如表达式 3*3\3/3 的计算结果为 9，而表达式（3*3\3）/3 的计算结果为 1。

1.7.3 函数

函数由事先定义好的一系列确定功能的语句组成，并最终返回一个确定类型的值。Access 中提供了近百个内置的不同用途的标准函数，方便用户完成许多操作。

使用函数时需要注意函数名、参数和返回值3个方面的内容。其中，函数名起标识作用，根据名字可知其基本功能；参数是函数名后圆括号内的常量、变量、表达式或函数，使用时要注意其位置、类型、含义和默认值；返回值是函数运行后的结果，要同时关注返回值的数据类型。常用标准函数及功能见表1-16。

表1-16　常用标准函数及功能

函数	代表功能
Abs（表达式）	绝对值函数，返回表达式的绝对值
Int（表达式）	向下取整函数，返回表达式向下取整数的结果；若为负数，则返回小于等于参数值的第一个负数
Sqr（表达式）	开平方函数，返回表达式的平方根
Max（表达式）	最大值函数，返回表达式值中的最大值
Min（表达式）	最小值函数，返回表达式值中的最小值
Avg（表达式）	平均值函数，返回表达式中值的平均值
Sum（表达式）	求和函数，返回表达式中值的总和
Len（字符串表达式）	字符串长度检测函数，返回字符串所含字符个数
Ucase（字符串表达式）	大小写转换函数，将字符串中的小写字母转换成大写字母
Lcase（字符串表达式）	大小写转换函数，将字符串中的大写字母转换成小写字母
Space（数值表达式）	生成空格字符函数，返回数值表达式的值指定个数的空格字符
Day（日期表达式）	截取日期分量函数，返回日期表达式中日的整数，返回值介于1~31
Month（日期表达式）	截取日期分量函数，返回日期表达式中月份的整数，返回值介于1~12
Year（日期表达式）	截取日期分量函数，返回日期表达式中年的整数，返回值介于100~9999
WeekDay（日期表达式）	截取日期分量函数，返回星期几，返回值介于1~7（1代表星期天，7代表星期六）

续表

函数	代表功能
Date（）	返回当前的系统日期
Time（）	返回当前的系统时间
Now（）	返回当前的系统日期和系统时间
DateValue(字符串表达式)	字符串转换成日期函数，将字符串转换成日期值
Str（数值表达式）	数字转换成字符串函数，将数值表达式值转换成字符串
Val（字符串表达式）	字符串转换成数字函数，将数字字符串转换成数值型数字；转换时自动将空格、制表符和换行符去掉；当字符串不是数字开头时，函数返回 0
Iif（判断式，为真的值，为假的值）	以判断式为准，在其值结果为真或假时，返回不同的值

表 1-16 仅列出一些基本且常用的函数，Access 2016 的在线帮助已按类别顺序详细列出了它所能提供的所有函数和说明，具体如图 1-20 所示，用户可自行查阅。

图 1-20　Access 2016 在线帮助

习 题

1. 选择题

（1）有关信息与数据的概念，下面说法正确的是（　　）。

  A. 信息与数据是同义词   B. 数据是承载信息的物理符号

  C. 信息和数据毫无关系   D. 固定不变的数据就是信息

（2）数据库（DB）、数据库系统（DBS）和数据库管理系统（DBMS）三者之间的关系是（　　）。

  A. DBS 包括 DB 和 DBMS   B. DBMS 包括 DB 和 DBS

  C. DB 包括 DBS 和 DBMS   D. 三者不存在关系

（3）在 Access 2016 数据库中，任何事物都被称为（　　）。

  A. 方法   B. 对象

  C. 属性   D. 事件

（4）在数据库系统的三级模式结构中，为用户描述整个数据库逻辑结构的是（　　）。

  A. 外模式   B. 概念模式

  C. 内模式   D. 存储模式

（5）用二维表来表示实体及实体间联系的数据模型是（　　）。

  A. 实体 – 联系模型   B. 层次模型

  C. 关系模型   D. 网状模型

（6）关系数据库管理系统中的关系是指（　　）。

  A. 不同元组间有一定的关系   B. 不同字段间有一定的关系

  C. 不同数据库间有一定的关系 D. 满足一定条件的二维表格

（7）从教师表中找出女性讲师的记录，属于（　　）关系运算。

  A. 选择   B. 投影

  C. 连接   D. 交叉

（8）在 E–R 图中，用（　　）来表示属性。

  A. 椭圆形   B. 矩形

  C. 菱形   D. 三角形

（9）以下对关系模型的描述，不正确的是（　　）。

　　A. 在一个关系中，每个数据项是最基本的数据单位，不可再分

　　B. 在一个关系中，同一列数据具有相同的数据类型

　　C. 在一个关系中，各列的顺序不可以任意排列

　　D. 在一个关系中，不允许有相同的字段名

（10）开发超市管理系统过程中开展超市信息处理的调查，属于数据库应用系统设计中（　　）阶段的任务。

　　A. 物理设计　　　　　　　　　B. 概念设计

　　C. 逻辑设计　　　　　　　　　D. 需求分析

（11）在 Access 数据库对象中，体现数据库设计目的的对象是（　　）。

　　A. 报表　　　　　　　　　　　B. 模块

　　C. 查询　　　　　　　　　　　D. 表

（12）Access 2016 数据库的类型是（　　）。

　　A. 层次数据库　　　　　　　　B. 关系数据库

　　C. 网状数据库　　　　　　　　D. 圆状数据库

（13）Access 2016 是一个（　　）系统。

　　A. 人事管理　　　　　　　　　B. 数据库

　　C. 数据库管理　　　　　　　　D. 财务管理

（14）在 Access 2016 中，表、查询、窗体、报表、宏、模块 6 个数据库对象都（　　）独立数据库文件。

　　A. 可存储为　　　　　　　　　B. 不可存储为

　　C. 可部分存储为　　　　　　　D. 部分不可存储为

（15）表示二维表中"行"的关系模型术语是（　　）。

　　A. 数据表　　　　　　　　　　B. 元组

　　C. 属性　　　　　　　　　　　D. 字段

（16）Access 提供的数据类型中不包括（　　）。

　　A. 长文本　　　　　　　　　　B. 文字

　　C. 货币　　　　　　　　　　　D. 日期 / 时间

（17）如果字段内容为声音文件，则该字段的数据类型应定义为（　　）。

    A．文本　　　　　　　　　　B．备注

    C．超链接　　　　　　　　　D．OLE 对象

（18）以下关于运算符优先级的比较，正确的是（　　）。

    A．算术运算符 > 逻辑运算符 > 关系运算符

    B．逻辑运算符 > 关系运算符 > 算术运算符

    C．算术运算符 > 关系运算符 > 逻辑运算符

    D．以上选项均是错误的

（19）下列表达式中，计算结果为数值类型的是（　　）。

    A．#5/5/2010# − #5/1/2010#　　　B．"102" > "11"

    C．102=98+4　　　　　　　　D．#5/1/2010 + 5

（20）表达式 B=Int（A+0.5）的功能是（　　）。

    A．将变量 A 保留小数点后 1 位

    B．将变量 A 四舍五入取整

    C．将变量 A 保留小数点后 5 位

    D．舍去变量 A 的小数部分

2. 填空题

（1）数据库系统的三级模式分别是＿＿＿＿＿、＿＿＿＿＿和＿＿＿＿＿。

（2）"学生"实体和"课程"实体之间存在＿＿＿＿＿＿＿＿的联系。

（3）数据库概念设计的 E-R 方法中，所用的图形包括＿＿＿＿＿、＿＿＿＿＿和＿＿＿＿＿。

（4）关系数据库的任何查询操作都是由 3 种基本运算组合而成的，这 3 种基本运算包括＿＿＿＿＿、＿＿＿＿＿和＿＿＿＿＿。

（5）常见的数据模型有 3 种，它们是＿＿＿＿＿、＿＿＿＿＿和＿＿＿＿＿。

（6）Access 数据库最基础的对象是＿＿＿＿＿。

（7）数据库系统的发展经历了 3 个阶段，分别是＿＿＿＿＿、＿＿＿＿＿和＿＿＿＿＿。

（8）＿＿＿＿＿是描述事物的符号记录，是数据库中存储的对象。

（9）关系模型的表格中的每一列称为一个＿＿＿＿＿。

（10）在 Access 中，可用于设计输入界面的对象是＿＿＿＿。

3. 操作题

（1）启动 Access 2016 应用程序，观察 Access 的界面特征。

（2）用两种方法退出 Access 2016 数据库管理系统，了解 Access 主窗口。

（3）熟悉 Access 2016 的六大数据库对象。

创建与管理数据库

　　Access 2016 为创建和管理数据库提供了强大的工具和直观的操作环境，是当前较为流行的桌面型数据库管理系统。Access 2016 提供了多种创建数据库的方法，并能够对数据库进行管理。本章主要介绍 Access 数据库创建的方法、打开与关闭数据库以及如何管理数据库。

2.1 ▶ 创建数据库

Access 2016 提供了多种创建数据库的方法，本章重点介绍其中的两种方法。

（1）模板。利用系统提供的标准的数据库模板，在数据库向导的提示下进行简单的操作，就可以快速创建一个数据库。此方法简单，适合初学者使用。

（2）空数据库。先创建一个空白数据库，然后再添加表、查询、窗体、报表、宏、模块等对象。此方法灵活，可以根据用户需要创建出各种数据库，但是操作较为复杂。

不论使用哪种方法创建的数据库，都可以在任何时候对其进行修改和扩充。

2.1.1 使用向导创建数据库

Access 2016 附带了很多模板，用户也可以从 Office.com 下载更多模板。模板是随即可用的数据库，其中包含执行特定任务时所需要的所有表、查询、窗体和报表。使用模板可以快速地创建出基于该模板的数据库。通常的方法是先从数据库向导所提供的模板中找出与所创建的数据库相似的模板，然后在向导提示下创建数据库，最后再对创建的数据库进行修改完善，直到满足用户的需求为止。

【例 2.1】通过模板创建"罗斯文"数据库。

"罗斯文"数据库是 Access 2016 自带的示例数据库，也是一个很好的教学范例。利用模板创建"罗斯文"数据库，具体操作步骤如下。

（1）启动 Access 2016 应用程序。

（2）进入 Access 2016 开始界面，如图 2-1 所示。

（3）选择需要的模板，以罗斯文模板为例。在弹出的对话框中，在"文件名"文本框中输入文件名。单击文件夹按钮可以设置数据库的存放位置。如果不指定特定位置，Access 将在"文件名"文本框下显示的默认位置创建数据库，默认位置是"我的文档"文件夹。

（4）单击"创建"按钮，弹出"正在准备模块"提示框。模块准备完成，系统弹出"登录"对话框，单击"登录"按钮，进入用模板创建的数据库界面，如图 2-2 所示。

完成上述操作后，"罗斯文"数据库的框架结构就建立起来了，但是数据库中所包含的表及表中字段不一定符合用户需求。因此，使用向导创建数据库后，还需要对数据库进行修改，以便使其满足用户需求。

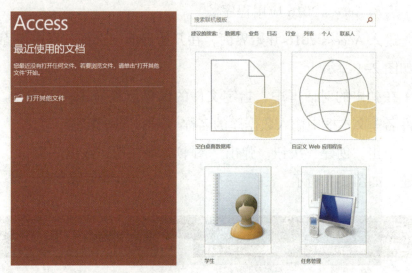

图 2-1　Access 2016 开始界面

图 2-2　"罗斯文"数据库界面

Access 2016数据库应用技术教程

2.1.2 创建空数据库

当利用模板不能创建完全满足用户需求的数据库，或者要创建的数据库内容与模板提供的差别较大时，就需要自行创建数据库。用户可以先创建一个空白数据库，然后再根据需要，添加表、查询、窗体、报表等对象。这种方法非常灵活，可以创建出所需要的各种数据库。

一个系统的建立，可以从创建空数据库入手，逐步添加对象，完善功能。

【例2.2】创建一个名为"图书借阅管理"的空数据库。

利用 Access 2016 创建空数据库，具体操作步骤如下。

（1）启动 Access 2016 应用程序。

（2）进入 Access 2016 开始界面，在开始界面中选择"空白桌面数据库"选项，如图2-1所示。

（3）在弹出的对话框中，指定文件的保存位置为"E：\Access 示例 \"，在"文件名"文本框中输入数据库的名称"图书借阅管理"。

（4）单击"创建"按钮，弹出"图书借阅管理"数据库窗口，完成数据库的创建，如图2-3所示。

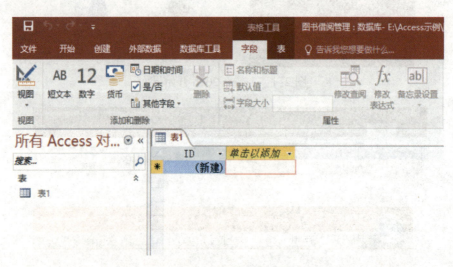

图2-3　"图书借阅管理"数据库窗口

2.2　打开与关闭数据库

　　使用和维护数据库都需要先将其打开，然后再根据个人喜好设置数据库窗口的外观。

2.2.1　打开数据库

　　在 Access 中，数据库是一个文档文件，通过双击扩展名为 *.accdb 文件，即可打开数据库。除了普通文件的打开方式外，Access 数据库文件还有一些特殊的打开方式，如以只读、独占或者独占只读的方式打开数据库文件。

　　（1）以打开方式打开。被打开的数据库文件可与其他用户共享，这是默认的数据库打开方式。

　　（2）以只读方式打开。只能使用和浏览数据库的对象，不能对其进行修改。

　　（3）以独占方式打开。其他用户不可以使用该数据库，这种方式可以屏蔽其他用户操纵数据库，也可以有效地保护自己对共享数据库的修改。是一种常用的数据库打开方式。

　　（4）以独占只读方式打开。为了防止网络上其他用户同时访问这个数据库文件，而且不需对数据库进行修改时，可以选择用这种方式打开数据库文件。此方式只能使用、浏览数据库对象，而不能对其进行修改，同时其他用户也不可以使用该数据库。

　　【例 2.3】以独占方式打开"图书借阅管理"数据库。

　　操作步骤如下：

　　（1）启动 Access 2016 应用程序。

　　（2）单击"文件"选项卡→"打开"→"浏览"按钮。

　　（3）在弹出的对话框中选择"图书借阅管理"数据库文件所在的位置，然后选择"图书借阅管理"数据库文件。

　　（4）单击"打开"按钮，在弹出的下拉列表中选择"以独占方式打开"

命令，如图 2-4 所示，实现以独占方式打开"图书借阅管理"数据库。

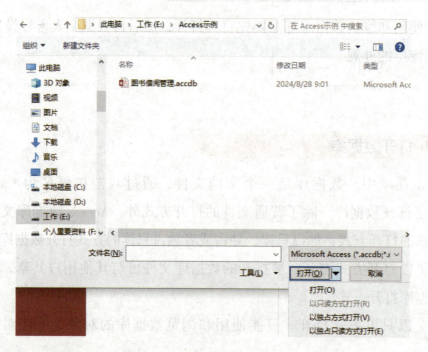

图 2-4 数据库打开方式

2.2.2 关闭数据库

当完成数据库的操作后，单击"文件"选项卡→"关闭"按钮即可关闭数据库。或者使用 Alt+F+X 快捷键，退出 Access 数据库管理系统。

2.3 管理数据库

创建完数据库后，可以对数据库进行一些管理设置。例如，设置默认的数据库格式和默认文件夹、查看数据库属性、备份数据库、压缩并修复数据库、设置和撤销数据库密码等。

2.3.1 设置版本和默认文件夹

通常 Access 系统打开或保存数据库文件的默认文件夹是"My documents"。但是为了数据库文件管理和操作上的方便，用户可以根据个人喜好将数据库放在一个专门的文件夹中，这就需要设置默认文件夹。在首次使用 Access 2016 时，默认情况下创建的数据库将采用 Access 2007–2016 文件格式，如果需要创建采用 2002–2003 文件格式的数据库，可以设置空白数据库默认文件为"Access 2002–2003"。

设置默认的数据库格式和默认文件夹的操作步骤如下：

（1）打开数据库。

（2）单击"文件"选项卡→"选项"按钮，弹出"Access 选项"对话框。

（3）单击"常规"选项，在右侧视图中设置"空白数据库的默认文件格式"和"默认数据库文件夹"，如图 2–5 所示。

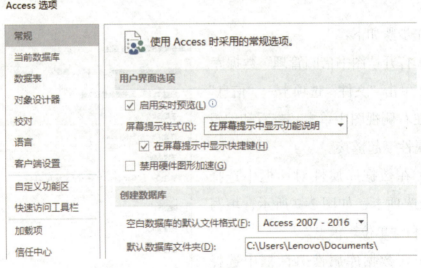

图 2–5 "Access 选项"对话框

2.3.2 查看数据库属性

数据库属性包括文件名、文件大小、位置、创建时间等。数据库属性分为 5 类，即"常规""摘要""统计""内容""自定义"。

查看数据库属性的操作步骤如下：

（1）打开"图书借阅管理"数据库。

（2）单击"文件"选项卡→"信息"按钮，在右侧视图中单击"查看和编辑数据库属性"超链接，弹出图2-6所示的属性对话框。

（3）分别选择"摘要"选项卡、"统计"选项卡、"内容"选项卡和"自定义"选项卡，查看数据库属性。

【例2.4】打开"图书借阅管理"数据库，设置数据库的标题为"图书借阅管理系统"，数据库的单位为本人所在学校名称，添加数据库开发者为本人的姓名。

操作步骤如下：

（1）打开"图书借阅管理"数据库。

（2）单击"文件"选项卡→"信息"按钮，在右侧视图中单击"查看和编辑数据库属性"超链接。

（3）在数据库属性对话框中选择"摘要"选项卡，如图2-7所示，填写"标题"和"单位"信息。

（4）在数据库属性对话框中选择"自定义"选项卡，在"名称"文本框中输入"所有者"，在"取值"文本框中输入本人的姓名，然后单击"添加"按钮，如图2-8所示。

（5）单击"确定"按钮，关闭数据

图2-6　"常规"选项卡

图2-7　"摘要"选项卡

库属性对话框完成设置。

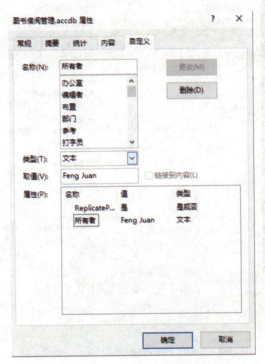

图 2-8　"自定义"选项卡

2.3.3 备份数据库

在对数据库进行重大修改之前，为了避免误操作给数据库带来破坏，需要备份数据库。备份数据库保存在默认的备份位置或当前文件夹中。

操作步骤如下：

（1）打开需要备份的数据库。

（2）单击"文件"选项卡→"另存为"→"数据库另存为"→"备份数据库"选项，然后单击"另存为"按钮，如图 2-9 所示。

（3）弹出"另存为"对话框，指定备份数据库的文件名，通常默认为"数据库名称＋备份日期"，如图 2-10 所示，单击保存按钮完成数据库的备份。

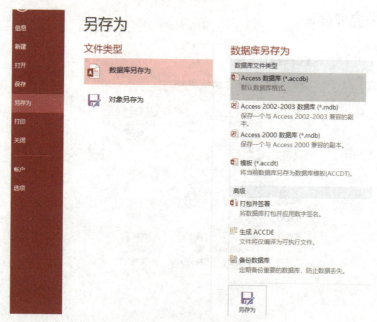

图 2-9　备份数据库

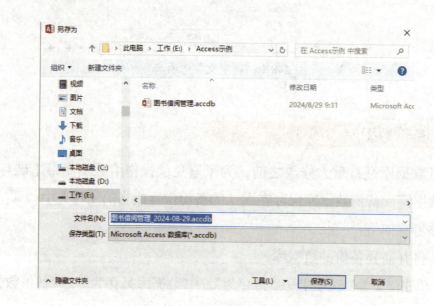

图 2-10　"另存为"对话框

2.3.4　压缩和修复数据库

　　Access 数据库是一种文件型数据库，所有数据都保存在同一个文件中，当数据库中的数据不断地增加、修改和删除时，数据库文件迅速增大。即使删除数据库中的数据、对象，数据库文件也不会明显减小，这是因为在数据库中删除数据之后，该数据只是被标记为"已删除"，而实际上并未"删除"。同时，删除数据库中的数据、对象，会导致文件支离破碎，磁盘使用效率降低。如果想要减小数据库文件的体积，重新组织文件在磁盘中的存储方式，从而优化 Access 数据库和 Access 项目的性能，就需要对数据库进行压缩和修复。压缩数据库有自动压缩和手动压缩两种方法。

2.3.4.1 自动压缩数据库

自动压缩数据库通过设置"Access 选项"对话框来完成，该设置只对当前数据库有效。

操作步骤如下：

（1）打开需要压缩和修复的数据库。

（2）单击"文件"选项卡→"选项"按钮，在打开的对话框中选中左侧"当前数据库"选项，然后选择右侧的"关闭时压缩"复选框，该数据库关闭时就会自动压缩，如图 2-11 所示。

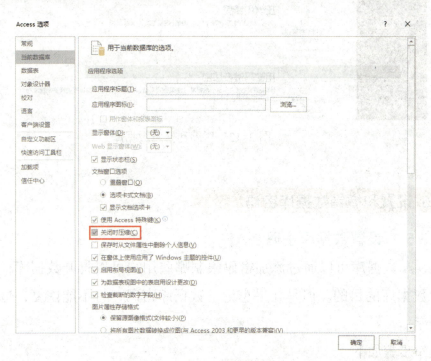

图 2-11　自动压缩数据库

2.3.4.2 手动压缩数据库

多数情况下，在打开 Access 数据库时，Microsoft Access 会自动检测文件是否损坏，如果是，就会提供修复数据库的选项。但是在数据库使用过程中，可能因为各种原因导致写入不一致的情况发生，这时就会导致数据库文件损坏，无法再次打开数据库。此时使用压缩修复数据库功能可以在一定程度上解决此问题。

操作步骤如下：

（1）打开需要压缩和修复的数据库。

（2）单击"文件"选项卡→"信息"→"压缩和修复数据库"按钮。或者单击"数据库工具"选项卡→"工具"选项组→"压缩和修复数据库"按钮，如图 2-12 所示。

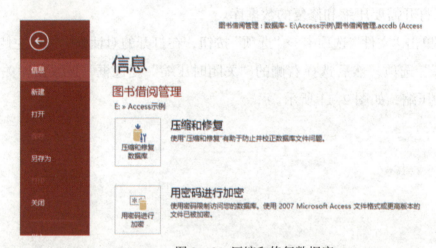

图 2-12　压缩和修复数据库

2.3.5　设置和撤销数据库密码

2.3.5.1　设置数据库密码

Access 数据库可以通过添加密码限制哪些用户可以打开数据库，从而达到保护数据库的目的。但是如果忘记了数据库密码，将不能恢复，也不能打开数据库。

操作步骤如下：

（1）关闭需要添加密码的数据库。如果是共享数据库，确保所有用户均关闭该数据库。

（2）为数据库备份一个副本，并存储在安全的地方。

（3）以独占方式打开数据库。

（4）单击"文件"选项卡→"信息"→"用密码进行加密"按钮，弹出"设置数据库密码"对话框，如图 2-13 所示。

（5）在"密码"文本框中输入密码，在"验证"文本框中再次确认密码，然后单击"确定"按钮，完成密码设置。下次打开数据库时，Access 会弹出输入密码的对话框。

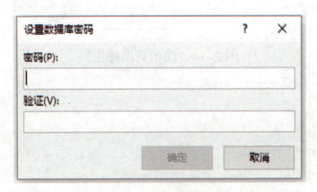

图 2-13　设置数据库密码

密码设置规则如下：

①使用大写字母、小写字母、数字、符号组成强密码。弱密码不混合使用这些元素。例如，S6td!bc5 是强密码，Apple6 是弱密码，密码长度最好大于等于 8 个字符。②密码区分大小写。③密码字符可以包含字母、数字、空格和符号，但是不能包含控制字符（ASCII 10 到 ASCII 31）、先导字符、"\ [ ] : | <> + = ; , ? *。

2.3.5.2　撤销数据库密码

操作步骤如下：

（1）关闭需要撤销密码的数据库。如果是共享数据库，确保所有用户均关闭该数据库。

（2）为数据库备份一个副本，并存储在安全的地方。

（3）以独占方式打开数据库。

（4）单击"文件"选项卡→"信息"→"解密数据库"按钮，弹出"撤销数据库密码"对话框，如图 2-14 所示。

（5）在"密码"文本框中输入密码，单击"确定"按钮，完成撤销数据

Access 2016数据库应用技术教程

库密码的操作。

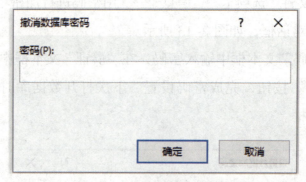

图 2-14　撤销数据库密码

习　题

1. 选择题

（1）Access 2016 是一个（　　）软件。

    A. 文字处理　　　　　　　　　　B. 电子表格处理

    C. 网页制作　　　　　　　　　　D. 数据库管理

（2）利用 Access 创建的数据库文件，其默认的扩展名为（　　）。

    A. .adp　　　　　　　　　　　　B. .dbf

    C. .accdb　　　　　　　　　　　D. .mdb

（3）在 Access 中建立数据库可以单击"文件→（　　）"按钮。

    A. 新建　　　　　　　　　　　　B. 打开

    C. 保存　　　　　　　　　　　　D. 另存为

（4）Access 2016 建立的数据库文件，默认为（　　）版本。

    A. Access 2007–2016　　　　　　B. Access 2016

    C. Access 2003–2007　　　　　　D. 以上均不是

（5）退出 Access 数据库管理系统可以使用的组合键是（　　）。

    A. Alt+F+X　　　　　　　　　　B. Alt+X

    C. Ctrl + C　　　　　　　　　　D. Ctrl + O

（6）下面描述中，（　　）不属于压缩和修复数据库的作用。

    A. 减少数据库占用空间　　　　　B. 提高数据库打开速度

    C. 提高运行效率　　　　　　　　D. 美化数据库

2. 填空题

（1）Access 是功能强大的_____系统，具有界面友好、易学易用、开发简单、接口灵活等特点。

（2）创建数据库的方式有_____和_____。

（3）数据库的打开方式有＿＿＿＿＿、＿＿＿＿＿、＿＿＿＿＿和＿＿＿＿＿四种。

3. 操作题

（1）安装与卸载办公套件中的 Access 组件。

（2）用两种以上方法启动 Access 2016 数据库管理系统，了解 Access 主窗口。

（3）利用模板创建一个联系人数据库。

（4）设置默认的数据库格式为"Access 2007–2016"。

（5）在 D 盘根目录下创建名为"Access"的文件夹，然后设置该文件夹为默认数据库文件夹。

（6）在"D：\Access"文件夹中创建一个名为"图书借阅管理"的空数据库。

（7）用不同的方式打开图书借阅管理数据库。

（8）用不同的方法退出 Access 系统。

表

在数据库中，表是用来存储数据的对象，是整个数据库系统的基础，所以数据库创建后的第一步就是建立表及表间关系，再输入数据，为其他对象的创建奠定基础。本章主要介绍表的基础知识、创建数据表、字段属性设置、表的维护、表的操作、表间关系等。

3.1 表的基础知识

表是存储和管理数据的对象，是 Access 数据库中最重要的对象，也是数据库其他对象的操作依据。一个 Access 数据库中包含一个或多个表。

在 Access 中，一个表就是一个关系，在形式上就是一个二维表，即由行和列组成的表格，所有的实际数据都存储在表中。图 3-1 所示为"图书借阅管理"数据库中的"读者"表。

图 3-1   "读者"表

表中的每一列称为一个字段（属性），每一列的标题称为该字段的字段名，列标题下的数据称为字段值，同一列只能存放类型相同的数据。所有的字段名构成表的标题行，除标题行外的每一行称为一条记录。一个表是由表结构和表内容（记录）两部分组成，其中，表结构是指数据表的框架，包括字段名、数据类型、字段属性。

3.1.1 字段名

字段名指二维表中某一列的名称，用来标识表中的字段，它的命名规则是：

（1）不能为空，最长不能超过 64 个字符（注：Access2016 中的字段名长度不区分中英文字符）。

（2）可以由字母、汉字、数字、空格以及除句号（.）、叹号（!）、方括号

（[]）和左单引号（'）外的字符组成。

（3）不能以空格开头。

（4）不能使用 ASCII 值为 0~31 的字符。

3.1.2 字段的数据类型

字段的数据类型决定了存储在此字段中的数据的类型，以及对该字段所允许的操作，如"出生日期"字段的字段值只能写入日期，如果输入数字或字符等，Access2016 就会发出错误信息（所输入的值与此列中的日期/时间数据类型不匹配），且不允许保存。Access2016 提供了 12 种数据类型，具体请参见 1.7.1 节。

3.2 创建数据表

数据库创建成功后，首要任务就是创建数据表。Access 2016 提供了多种创建数据表的方法，本章重点介绍其中的两种创建方法。

（1）使用"数据表视图"创建表。此方法可以用来创建比较简单的表，而创建复杂（字段类型复杂，属性设计多）的表会受限。可以在创建完毕后使用设计视图修改。

（2）使用"设计视图"创建表。这是一种比较常用的方法，十分灵活，并且复杂的表通常都是在设计视图中创建的。

不论使用哪种方法创建表，都可以在任何时候对其进行修改和扩充。

3.2.1 使用"数据表视图"创建表

在新建的空白数据库中，已经包含了一张空白的表，可以在这张表的基础上进行完善，也可以从头开始创建。

Access 2016 数据库应用技术教程

【例3.1】使用"数据表视图"创建"读者"表，表结构见表3-1。

表 3-1　　"读者"表结构

字段名	数据类型	字段大小	是否主键
编号	短文本	8	是
姓名	短文本	10	
性别	短文本	1	
身份证号	短文本	18	
读者类别	短文本	2	
单位名称	短文本	10	
单位地址	短文本	20	
手机	短文本	11	
办证日期	日期 / 时间		
有效日期	日期 / 时间		
电子邮件	超链接		
照片	OLE 对象		
备注	长文本		

具体操作步骤如下：

（1）打开"图书借阅管理"数据库，单击"创建"选项卡下"表格"选项组中的"表"按钮，进入"数据表视图"，显示一个空数据表，如图 3-2 所示。

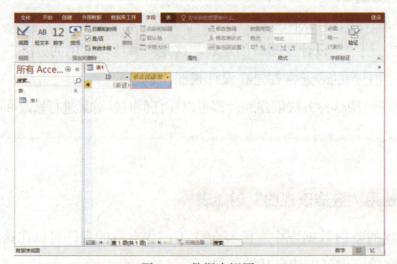

图 3-2　数据表视图

（2）双击视图中的"ID"字段列，使其处于可编辑状态，并将其改为"编号"。

（3）选中"编号"字段列，单击"表格工具/字段"选项卡中"格式"选项组中的"数据类型"下拉按钮，把"数据类型"由"自动编号"改为"短文本"；在"属性"选项组中把"字段大小"文本框中的值改为8，如图3-3所示。

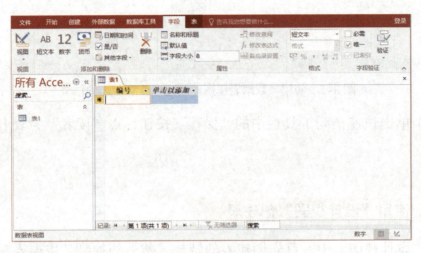

图 3-3　设置"编号"字段

（4）单击"单击以添加"列标题，从弹出的下拉列表中选择"短文本"，这时 Access2016 自动为该字段命名为"字段 1"，并处于可编辑状态，将其改为"姓名"。如图 3-4 所示，在"属性"选项组中把"字段大小"文本框中的值改为 10。

图 3-4　添加新字段

（5）按照表 3-1 所示的表结构，参照第（4）步添加其他字段，结果如图 3-5 所示。

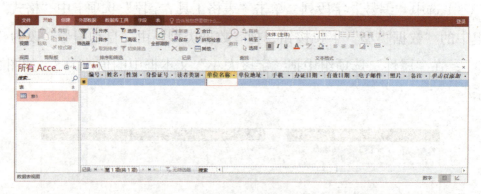

图 3-5　使用"数据表视图"创建"读者"表的结果

（6）单击快速访问工具栏中的"保存"按钮，以"读者"为表名称保存数据表。

3.2.2 使用"设计视图"创建表

在"设计视图"中，首先创建表的结构，然后切换到"数据表视图"下完成数据的输入。

【例 3.2】使用"设计视图"创建"图书借阅"表，表结构见表 3-2。

表 3-2　"图书借阅"表结构

字段名	数据类型	字段大小	是否主键
借阅编号	自动编号	长整型	是
图书编号	短文本	7	
读者编号	短文本	8	
借阅日期	日期 / 时间		
还书日期	日期 / 时间		
罚款已缴	是 / 否		
备注	长文本		

具体操作步骤如下：

（1）打开"图书借阅管理"数据库，单击"创建"选项卡下"表格"选项组中的"表设计"按钮，进入"设计视图"。

（2）单击第1行"字段名称"列输入"借阅编号"；单击"数据类型"列的下拉按钮，在弹出的下拉列表中选择"自动编号"；在下方"字段属性"区"常规"选项卡中设置字段大小为长整型，如图3-6所示。

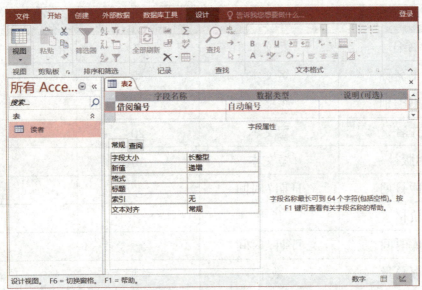

图3-6　使用"设计视图"设计"借阅编号"字段

（3）单击第2行"字段名称"列输入"图书编号"；单击"数据类型"列的下拉按钮，在弹出的下拉列表中选择"短文本"；在下方"字段属性"区"常规"选项卡中设置字段大小为7。

（4）按照同样的方法，设计表中的其他字段。

（5）定义完全部字段后，在字段选定器（字段名左侧的小方块）拖动鼠标左键选中"借阅编号"字段，单击"表格工具／设计"选项卡"工具"选项组中的"主键"按钮，完成该表主键的定义。

（6）单击快速访问工具栏中的"保存"按钮，以"图书借阅"为表名称保存数据表。

【例3.3】使用"设计视图"创建"读者类别"表、"图书"表、"图书类别"表，表结构见表3-3至表3-5。

表 3-3　　"读者类别"表结构

字段名	数据类型	字段大小	是否主键
读者类别编号	短文本	2	是
读者类别	短文本	8	
限借册数	数字	整型	

表 3-4　　"图书"表结构

字段名	数据类型	字段大小	是否主键
图书编号	短文本	7	是
图书名称	短文本	30	
图书类别	短文本	2	
作者	短文本	20	
出版社	短文本	10	
出版日期	日期 / 时间		
价格	货币		
入库时间	日期 / 时间		
库存总量	数字	整型	
在库数量	数字	整型	
借出数量	数字	整型	
新书入库	数字	整型	
旧书出库	数字	整型	
借出次数	数字	整型	
备注	长文本		

表 3-5　　"图书类别"表结构

字段名	数据类型	字段大小	是否主键
图书类别编号	短文本	2	是
图书类别	短文本	30	
限借天数	数字	整型	
超期罚款	货币		

操作步骤请参照"图书借阅"表的创建过程，这里不再赘述。

3.3　字段属性设置

　　表中每一个字段都有一系列的属性，这些属性表示了该字段所具有的特征，不同的字段类型属性也不完全相同。在"设计视图"选择某个字段后，"字段属性"区就会显示出该字段相应的属性，下面介绍一些字段属性的设置。

3.3.1　字段大小

　　字段大小即字段的长度，该属性用来表示字段中可以存储数据的最大容量。在 Access2016 中，只有"短文本""数字""自动编号"3 种数据类型可设置字段大小属性，其中，"短文本"在设计视图和数据表视图下均可进行设置，"数字""自动编号"只可在设计视图下进行设置。"短文本"类型的字段大小属性可设置为 0~255 之间的整数；"自动编号"类型的可设为"长整型"或"同步复制 ID"；"数字"类型的可设为"字节""整型""长整型""单精度型""双精度型""小数""同步复制 ID"，决定了该字段中存储数字的允许范围。

　　注意：如果字段不包含数据，更改字段大小时，该字段的新数据值的大小会受到限制；如果字段包含数据，更改字段大小时，Access 会截断字段中超出指定字段大小的所有值，造成数据遗失，并且会针对该字段限制新数据值的大小。

3.3.2　格式

　　"格式"属性只影响数据的显示或打印格式，不影响数据的存储和输入格式。在 Access2016 中，除"OLE 对象"和"附件"2 种数据类型外，其他类型的字段均有格式属性，可以使用预定义格式，也可以使用格式符号（如表 3-6 所示）创建自定义格式。

表 3-6　常用格式符号

字符	说明	设置示例	显示示例
@	用于显示其格式字符串中位置的任何可用字符。如果 Access 将所有字符都添加到基础数据中，则所有剩余的占位符都显示为空白	@@@@	输入：AB；显示：AB（文本左对齐前面两个空格）
&	用于显示其格式字符串中位置的任何可用字符。如果 Access 将所有字符都添加到基础数据中，则剩余的占位符不显示任何内容	&&&&	输入：AB；显示：AB（文本左对齐）
<	用于强制所有文本都小写。必须在格式字符串的开头使用此字符，但可以在其前加感叹号（！）	<	输入：Ab；显示：ab
>	用于强制所有文本大写。必须在格式字符串的开头使用此字符，但可以在其前加感叹号（！）	>	输入：Ab；显示：AB
!	将数据左对齐	!	
–	将数据右对齐	–	
\	用于强制 Access 显示紧接在后的字符		

　　Access2016 为数字、自动编号和货币型字段提供了 7 种预定义格式，如图 3-7 所示；为日期 / 时间型字段提供了 7 种预定义格式，如图 3-8 所示；为是 / 否型字段提供了 3 种预定义格式，如图 3-9 所示；为计算型字段提供了 17 种预定格式，包括数字型、日期 / 时间型、是 / 否型字段的所有预定格式，用户可以根据需要进行选择。

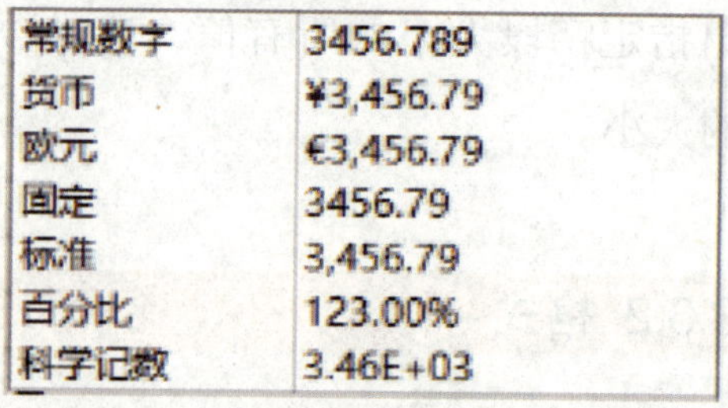

常规数字	3456.789
货币	¥3,456.79
欧元	€3,456.79
固定	3456.79
标准	3,456.79
百分比	123.00%
科学记数	3.46E+03

图 3-7 数字、自动编号和货币型字段预定义格式

常规日期	2015/11/12 17:34:23
长日期	2015年11月12日
中日期	15-11-12
短日期	2015/11/12
长时间	17:34:23
中时间	5:34 下午
短时间	17:34

图 3-8 日期 / 时间型字段预定义格式

真/假	True
是/否	Yes
开/关	On

图 3-9　是 / 否型字段预定义格式

【例 3.4】设置"读者"表中的"办证日期"字段的"格式"属性，使日期显示为"××××年××月××日"的格式。

操作步骤如下：

（1）打开"图书借阅管理"数据库。

（2）在"导航窗格"中选择"读者"表，然后选择右键菜单中的"设计视图"，如图 3-10 所示，打开表的设计视图。

（3）在表的设计视图中单击"办证日期"字段，然后在下方"字段属性"区"常规"选项卡中的"格式"文本框中输入"yyyy\ 年 mm\ 月 dd\ 日"，如图 3-11 所示。

（4）单击快速访问工具栏中的"保存"按钮，保存设置。

设置完成后，可点击"表格工具"选项卡"视图"选项组"视图"下拉列表中的"数据表视图"按钮，切换到数据表视图查看效果。在"办证日期"列输入一个日期，如 2004-5-22，可自动显示为"2004 年 05 月 22 日"。

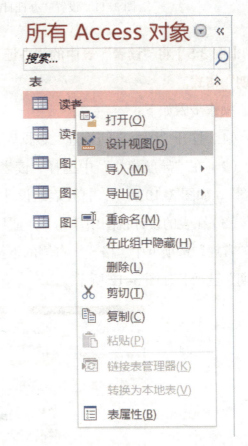

图 3-10　在"导航窗格"中选中表的右键菜单

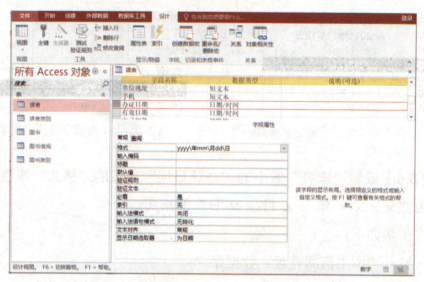

图 3-11　设置"办证日期"字段为自定义格式

【例 3.5】将"读者"表中的"办证日期"字段的"格式"属性设置为"短日期"格式。

操作步骤如下：

（1）打开"图书借阅管理"数据库。

（2）在"导航窗格"中选择"读者"表，然后选择右键菜单中的"设计视图"，如图 3-10 所示，打开表的设计视图。

（3）在表的设计视图中单击"办证日期"字段，然后点击下方"字段属性"区"常规"选项卡中"格式"右侧的下拉按钮，在弹出的下拉列表中选择"短日期"选项，如图 3-12 所示。

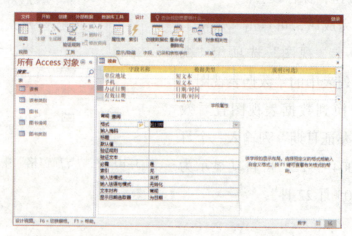

图 3-12　设置"办证日期"字段的"短日期"格式

（4）单击快速访问工具栏中的"保存"按钮，保存设置。

设置完成后，点击"表格工具"选项卡"视图"选项组"视图"下拉列表中的"数据表视图"按钮，切换到数据表视图查看效果。上例中"办证日期"列输入的日期自动显示为"2004/5/22"。

3.3.3 输入掩码

"输入掩码"属性用于定义数据的输入格式。如果希望输入数据的格式标准保持一致，或希望检查输入时的错误，可以使用该属性，主要用于"文本""日期 / 时间""数字""货币"型字段。

设置"输入掩码"属性的方法：在设计视图下选中相应的字段，在下方"字段属性"区"常规"选项卡中"输入掩码"右侧文本框中直接输入由字面字符（例如，空格、点、点划线和括号）和决定输入数值的类型的格式字符（见表 3-7）组成的掩码属性值。如果该字段为"文本"或"日期 / 时间"型还可以通过"输入掩码向导"对话框进行设置，具体操作为：单击"输入掩码"右侧的 ⋯ 按钮，弹出"输入掩码向导"对话框，如图 3-13 所示，可在列表中选择需要的掩码，也可单击"编辑列表"按钮，在弹出的"自定义'输入掩码向导'"对话框创建自定义的输入掩码。

表 3-7　"输入掩码"的格式符号

字符	说明	设置示例	输入示例
0	可输入 0 到 9 的数字，每一位都必须输入；不允许使用空格、加号和减号	00-000	12-345
9	可输入 0 到 9 的数字或空格，不是每一位都必须输入；不允许使用加号和减号	99-999	12-34
#	可输入 0 到 9 的数字、空格、加号、减号，不是每一位都必须输入；空白将转换为空格	###	- 1
L	可以输入字母，每一位都必须输入；不允许使用空格	LLL	AAA
?	可以输入字母、空格，不是每一位都必须输入	???	A B

续表

字符	说明	设置示例	输入示例
A	可输入字母或数字，每一位都必须输入；不允许使用空格	AAA	12A
a	可输入字母、数字或空格，不是每一位都必须输入	aaa	A 1
&	任一字符或空格，每一位都必须输入	&&&&&	AB–12
C	任一字符或空格，不是每一位都必须输入	&&&&CCCC	ABC–12
>	使其后的字符转换为大写	>LLL	Abc
<	使其后的字符转换为小写	<LLL	Abc
!	将输入数据从右到左显示	!????	Ab 和 abcd
\	其后的字符原样显示	\A	A

【例 3.6】将"读者"表中的"身份证号"字段的"输入掩码"属性设置为可以输入 15 位或者 18 位数字。

操作步骤如下：

（1）打开"图书借阅管理"数据库。

（2）在"导航窗格"中选择"读者"表，然后选择右键菜单中的"设计视图"，如图 3–10 所示，打开表的设计视图。

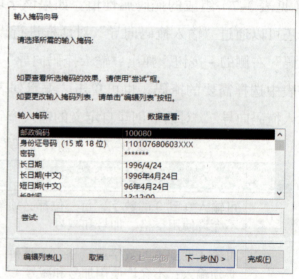

图 3–13 "输入掩码向导"对话框

（3）在表的设计视图中单击"身份证号"字段，在下方"字段属性"区"常规"选项卡中的"输入掩码"文本框中输入"000000000000000999"，如图 3–14 所示，或者单击"输入掩码"右侧的 按钮，弹出"输入掩码向导"对话框，选择"身份证号码（15 位或 18 位）"，如图 3–15 所示。

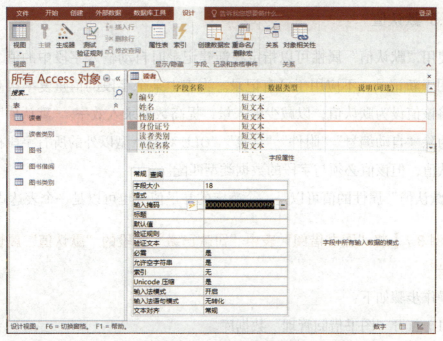

图 3-14　设置"输入掩码"属性

（4）单击快速访问工具栏中的"保存"按钮，保存设置。

设置完成后，点击"表格工具"选项卡"视图"选项组"视图"下拉列表中的"数据表视图"按钮，切换到数据表视图，在"身份证号"列中输入字母、空格或少于15位的数字查看效果。

3.3.4　标题

字段标题是字段的别名，用来设置字段在报表、查询、窗体

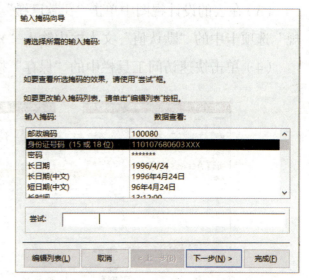

图 3-15　使用掩码向导设置"输入掩码"属性

的标签中显示的文本。如字段名是英文，可以在"标题"属性输入中文，这样在打开"数据表视图"或者创建窗体、报表时，使用该字段显示中文名称。如果"标题"属性框为空白，使用字段名。

3.3.5 默认值

使用"默认值"属性可以指定在新建记录时自动输入字段中的值，该值只应用于新记录，不应用于已有记录。当表中某个字段的值重复率很高时，可以将该值设为默认值，以减少输入量，提高数据录入效率。"默认值"属性可以为除"自动编号""附件""计算""OLE 对象"型以外的所有字段指定一个默认值，但该值必须与字段的数据类型匹配。

"默认值"属性的值可以是一个确定的常量值，也可以是一个表达式。

【例 3.7】将"图书借阅"表中"罚款已缴"字段的"默认值"属性设置为"是"。

操作步骤如下：

（1）打开"图书借阅管理"数据库。

（2）在"导航窗格"中选择"图书借阅"表，然后选择右键菜单中的"设计视图"，打开表的设计视图。

（3）在表的设计视图中单击"罚款已缴"字段，在下方"字段属性"区"常规"选项卡中的"默认值"文本框中输入"Yes"，如图 3-16 所示。

（4）单击快速访问工具栏中的"保存"按钮，保存设置。

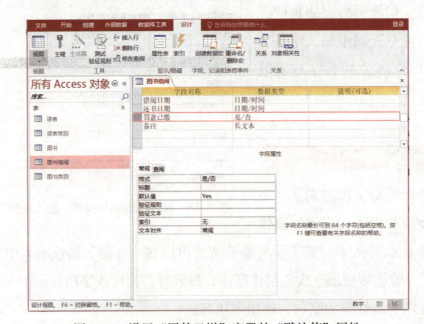

图 3-16 设置"罚款已缴"字段的"默认值"属性

【例 3.8】将"图书"表中"入库时间"字段的"默认值"属性设置为当前日期。

操作步骤如下：

（1）打开"图书借阅管理"数据库。

（2）在"导航窗格"中选择"图书"表，然后选择右键菜单中的"设计视图"，打开表的设计视图。

（3）在表的设计视图中单击"入库时间"字段，在下方"字段属性"区"常规"选项卡中的"默认值"文本框中输入"date（）"，如图 3-17 所示。

（4）单击快速访问工具栏中的"保存"按钮，保存设置。

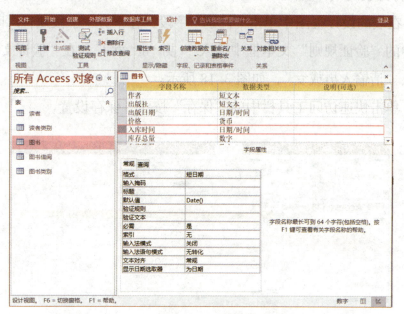

图 3-17 设置"入库时间"字段的"默认值"属性

3.3.6 验证规则和验证文本

在输入数据时，有时会将数据输入错误，比如性别打了错别字，分数输入了 0 ~ 100 以外的数字等。这类错误可以通过设置"验证规则"和"验证文本"属性来避免。

"验证规则"用于设置输入到字段中的数据的值域，当输入数据超过该字段的值域时，拒绝该值，给出提示信息，防止了非法数据的输入，是实现"用户定义完整性"的主要手段。"验证文本"用于设置输入的数据不符合字段的验证规则时显示的出错提示信息，如果不设置，出错提示信息为系统默认的提示信息。

【例 3.9】将"读者"表中"性别"字段的"验证规则"属性设置为只能输入男或女，验证文本设置为"请输入男或女"。

操作步骤如下：

（1）打开"图书借阅管理"数据库。

（2）在"导航窗格"中选择"读者"表，然后选择右键菜单中的"设计视图"，打开表的设计视图。

（3）在表的设计视图中单击"性别"字段，在下方"字段属性"区"常规"选项卡中的"验证规则"文本框中输入"'男' or '女'"，在"验证文本"文本框中输入"请输入男或女"，如图 3-18 所示。

（4）单击快速访问工具栏中的"保存"按钮，保存设置。

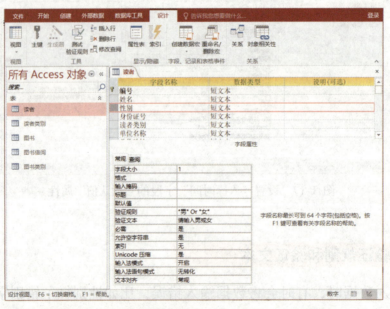

图 3-18 设置"验证规则"和"验证文本"属性

设置完成后，点击"表格工具"选项卡"视图"选项组"视图"下拉列表中的"数据表视图"按钮，切换到数据表视图，在"性别"列中输入"男"或者"女"以外的字符，比如输入"南"，这时屏幕出现提示框，如图 3-19 所示。

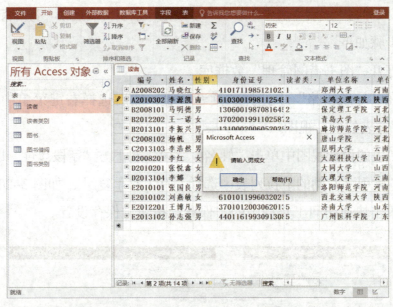

图 3-19 测试设置的"验证规则"

3.3.7 索引

索引是按索引字段或索引字段集的值使表中的记录有序排列的一种技术。它只是一种逻辑排序，而不改变数据的物理顺序。建立索引可以提高数据查询的速度，同时，建立索引还是建立表间关系的必要前提。

可以为"OLE 对象""超链接""计算"型以外的字段设置索引属性，索引有 3 种取值：

无：默认值，表示无索引。

有（无重复）：表示有索引，但不允许字段中有重复值。

有（有重复）：表示有索引，但允许字段中有重复值。

一个表里可以建立一个或多个索引。对于经常需要进行查询检出的字段，可以将其索引设置为"有"，一般不会进行检出的字段可以将其索引设置为"无"。比如，经常查询的"学生"表中的"学号"显然不会重复，所以可以将其设置为有（无重复）；但"姓名"会重复，所以应该设置为有（有重复）。另外，有些字段虽然经常被查询，但是其内容简单，这种情况下索引不一定要设置为"有"。设置过多的索引会占用程序过多的资源，为了维护索引顺序，反而会降低其他操作的速度。

【例 3.10】将"读者"表中"姓名"字段的"索引"设置为"有（有重复）"。

操作步骤如下：

（1）打开"图书借阅管理"数据库。

（2）在"导航窗格"中选择"读者"表，然后选择右键菜单中的"设计视图"，打开表的设计视图。

（3）在表的设计视图中单击"姓名"字段，在下方"字段属性"区"常规"选项卡中"索引"右侧的下拉列表中选择"有（有重复）"，如图 3-20 所示。

（4）单击快速访问工具栏中的"保存"按钮，保存设置。

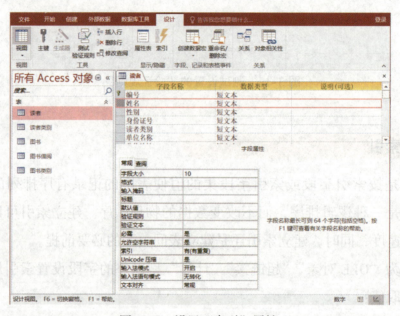

图 3-20 设置"索引"属性

3.3.8 其他属性

必需。默认值为"否"，该属性设置为"是"时，字段中不允许为空，必须输入数据。

允许空字符串。默认值为"是"，空字符串就是""""，不是空白，而是零长度字符串。

Unicode 压缩。只用于"短文本""长文本""超链接"型字段，默认值为"是"，表明对字段中数据进行压缩，目的是节约存储空间。

输入法模式。默认值为"开启"，若字段为"文本型"时，在该字段中输入数据时，自动切换到中文输入法。

文本对齐。设置数据显示时的对齐方式，其选项有"常规""左""居中""右""分散"。

3.4 表的维护

当数据库不能适应特殊需求时，就需要及时对其进行修改、更新，以使其更符合实际需求。

表的维护分为修改表的结构、修改表的内容、修改表的外观、表的导入和链接、表的导出等。

3.4.1 修改表的结构

修改表的结构包括修改字段、添加字段、删除字段等。这些操作都可以在设计视图下完成，其中修改字段名、添加字段、删除字段也可以在数据表视图下进行，但有些字段属性设置必须在设计视图下进行。

3.4.1.1 修改字段

修改字段包括修改字段名、数据类型、说明、属性等，其操作步骤如下：

（1）打开数据库。

（2）在"导航窗格"中选中要修改的表，然后选择右键菜单中的"设计视图"，打开表的设计视图。

（3）选中要修改的字段，如果要修改字段名，在该字段的"字段名称"列中单击，然后修改字段名；如果要修改字段类型，在该字段的"数据类型"列的下拉列表中选择需要的数据类型；如果需要修改字段属性，在该字段下方"字段属性"区"常规"选项卡中对相应属性进行修改。

（4）单击快速访问工具栏中的"保存"按钮，保存修改。

但是要注意，字段类型的修改需要慎重，否则可能会造成数据库后续设计时的许多麻烦，甚至可能会造成类型转换错误或者数据遗失的问题。例如，如果字段包含数据，更改字段大小时，Access 会截断字段中超出指定字段大小的所有值，会造成数据的遗失。

3.4.1.2 添加字段

在表中添加新字段不会影响其它字段和现有数据。添加字段既可在数据表视图下进行，又可在设计视图下进行。

在设计视图下添加字段的操作步骤如下：

（1）打开数据库。

（2）在"导航窗格"中选中要修改的表，然后选择右键菜单中的"设计视图"，打开表的设计视图。

（3）选定添加字段的位置，单击"表格工具／设计"选项卡"工具"选项组中的"插入行"按钮或者点击右键菜单中的"插入行"，插入一空行，输入字段名、设置数据类型、属性等。

（4）单击快速访问工具栏中的"保存"按钮，保存修改。

在数据表视图下添加字段的操作步骤如下：

（1）打开数据库。

（2）在"导航窗格"中双击要修改的表，打开表的数据表视图。

（3）选定要在其前面添加字段的列，单击右键菜单中的"插入字段"，插入一空列，输入字段名、设置数据类型、属性等。

（4）单击快速访问工具栏中的"保存"按钮，保存修改。

3.4.1.3 删除字段

该操作既可在数据表视图下进行，又可在设计视图下进行。

在设计视图下删除字段的操作步骤如下：

（1）打开数据库。

（2）在"导航窗格"中选中要修改的表，然后选择右键菜单中的"设计视图"，打开表的设计视图。

（3）选定删除字段，单击"表格工具／设计"选项卡"工具"选项组中的"删除行"按钮或者点击右键菜单中的"删除行"，弹出确认对话框，点击"是"按钮。

（4）单击快速访问工具栏中的"保存"按钮，保存修改。

在数据表视图下删除字段的操作步骤如下：

（1）打开数据库。

（2）在"导航窗格"中双击要修改的表，打开表的数据表视图。

（3）选定要删除字段的列，单击右键菜单中的"删除字段"，弹出确认对话框，点击"是"按钮。

（4）单击快速访问工具栏中的"保存"按钮，保存修改。

3.4.2 修改表的内容

当情况发生改变（比如新书入库、旧书出库、新读者办证等）时，就要对表中的数据进行修改。

修改表的内容包括定位记录、选定记录、添加记录、修改记录、删除记录、复制数据等，这些操作都在数据表视图下进行。

3.4.2.1 定位记录

对记录进行修改时，首要任务是定位和选择记录，可以使用记录定位器或快捷键进行记录定位。

（1）使用记录定位器定位。方法：打开数据库——在"导航窗格"中双击要修改的表，打开表的数据表视图在窗口底部会显示一个记录定位器 记录: ◄ ◄ 第18项(共37项 ► ►► ►※ ——使用相应的按钮，实现记录间的快速定位。

（2）使用快捷键定位。使用表3-8中的快捷键可方便地快速定位记录。

表3-8　快捷键功能表

快捷键	功能说明
Home	当前记录中的第一个字段
End	当前记录中的最后一个字段
Tab、Enter、右箭头	下一个字段

快捷键	功能说明
Shift+Tab、左箭头	上一个字段
上箭头	上一条记录中的当前字段
下箭头	下一条记录中的当前字段
Ctrl+ 上箭头	第一条记录中的当前字段
Ctrl+ 下箭头	最后一条记录中的当前字段
PgUp	上移一屏
PgDn	下移一屏
Ctrl+PgUp	左移一屏
Ctrl+PgDn	右移一屏

3.4.2.2 选定记录

可在"数据表视图"下使用键盘或鼠标选定记录。

（1）用鼠标选定记录。

选定部分连续区域的数据：将鼠标移动到数据开始单元格，当其变成十字形状时，按住鼠标左键，拖动鼠标。

选定一列数据：单击该列的字段名。

选定多列数据：单击第一列的字段名，拖动到最后一个字段。

选定某条记录：单击该记录的记录选定器。

选定多条记录：单击第一条记录，按住鼠标左键拖动到指定范围的最后一条记录。

选定所有记录：单击第一个字段名左侧的全选按钮或者点击"开始"选项卡中"查找"选项组的"选择 / 全选"选项。

（2）用键盘选定记录。

如果已选定当前的记录，按 Shift+ 向上键将选定范围扩展到前一条记录。

如果已选定当前的记录，按 Shift+ 向下键将选定范围扩展到下一条记录。

按 Ctrl+A 选定所有记录。

如果已选定当前列，按 Shift+ 向右键将选定范围扩展到右边一列。

如果已选定当前列，按 Shift+ 向左键将选定范围扩展到左边一列。

3.4.2.3　添加记录

在"数据表视图"下，单击"开始"选项卡中"记录"选项组的"新建"按钮、记录定位器上的"新记录"，或者选中某一条记录单击右键菜单中的"新记录"，光标将移动到表的最后一行，输入要添加的记录。

3.4.2.4　修改记录

在"数据表视图"下，将光标移动到要修改的位置，直接修改即可。

3.4.2.5　删除记录

在"数据表视图"下，选定要删除的记录，按 Delete 键或者单击"开始"选项卡中"记录"选项组的"删除"按钮或右键菜单中的"删除记录"，在弹出的确认对话框中单击"是"按钮。

3.4.2.6　复制数据

在"数据表视图"下，选定要复制的记录或数据，按 Ctrl+C 键或者单击"开始"选项卡中"剪切板"选项组的"复制"按钮或右键菜单中的"复制"，找到要复制到的位置，按 Ctrl+V 键或者单击"开始"选项卡中"剪切板"选项组的"粘贴"按钮或右键菜单中的"粘贴"。

3.4.3　修改表的外观

可以根据个人喜好或需求对数据表的外观进行修改，使表看起来更加清晰、美观。修改表的外观包括改变字体、设置数据表格式、调整行高或列宽、调整字段顺序、隐藏 / 取消隐藏列、冻结 / 取消冻结列等。

3.4.3.1　改变字体

在"数据表视图"下，单击"开始"选项卡中"文本格式"选项组的相应按钮，可对字体、字号、字色、加粗、倾斜等属性进行设置。设置完成后，整张表中的数据都变成更改后的字体，不可以只更改表中部分数据的字体。

3.4.3.2　设置数据表格式

在"数据表视图"下，单击"开始"选项卡中"文本格式"选项组右下角对话框启动器 按钮，弹出"设置数据表格式"对话框，如图 3-21 所示。

在此可设置数据表的单元格、网格线、背景色、边框线等。

3.4.3.3 调整行高或列宽

在建立的表中，有时由于字号过大或者数据过长，使数据无法完整显示，这时可通过拖动鼠标或者使用命令菜单调整行高或列宽解决这些问题。

（1）直接拖动鼠标。在"数据表视图"下，将鼠标指针放在两个字段的交界处，当指针变成左右方向的双箭头时，按下鼠标左键并左右拖动，便可改变列宽；将鼠标指针放在任意两行选定器之间，当指针变成上下方向

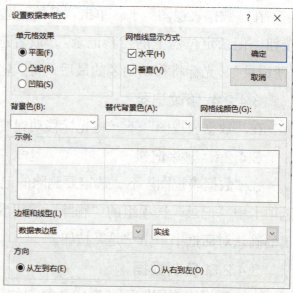

图 3-21 "设置数据表格式"对话框

的双箭头时，按下鼠标左键并上下拖动，便可改变行高。但是使用这种方式设置精确的行高或列宽值比较困难。

（2）使用菜单命令。在"数据表视图"下，选中需要调整列宽或者需要调整行高的记录，单击右键菜单的"列宽"或者"行高"，弹出对话框，输入所需要的列宽或行高值后，单击"确定"按钮。

3.4.3.4 调整字段顺序

当用"数据表视图"打开表时，字段显示次序与其在"设计视图"下的次序相同，但是为了满足"数据表视图"下查看数据的需要，有时需要改变字段的顺序，但不改变字段在原来"设计视图"中的次序。

这时，只要在"数据表视图"下，将鼠标移动到需要调整顺序的字段名上，当鼠标变成粗体的向下箭头时，按下鼠标左键将其拖动到需要的位置松开即可。

3.4.3.5 隐藏 / 取消隐藏列

在"数据表视图"下，为了便于查看主要数据，可以将一些不想浏览的字段列隐藏，需要时取消隐藏将其显示出来。

隐藏字段列的操作步骤为：在"数据表视图"下，选中需要隐藏的字段列，单击右键菜单中的"隐藏字段"或者"开始"选项卡中"记录"选项组的"其他 / 隐藏字段"按钮。

取消隐藏字段列的操作步骤为：在"数据表视图"下，选中某个字段列，单击右键菜单中的"取消隐藏字段"或者"开始"选项卡中"记录"选项组的"其他 / 取消隐藏字段"按钮，弹出"取消隐藏列"对话框，如图 3-22 所示。在对话框中单击选中的隐藏列字段名复选框，取消选中，然后单击"关闭"按钮即可。

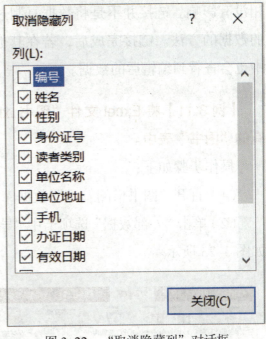

图 3-22   "取消隐藏列"对话框

3.4.3.6 冻结 / 取消冻结列

在比较大的数据库表中，由于表过宽，有些关键的字段列因为水平滚动后无法看到，影响了数据的查看，这时可以将主要数据列设置为冻结，使其成为最左侧的列始终显示。

冻结字段列的操作步骤为：在"数据表视图"下，选中需要冻结的字段列，单击右键菜单中的"冻结字段"或者"开始"选项卡中"记录"选项组的"其他 / 冻结字段"按钮。

取消冻结字段列的操作步骤为：在"数据表视图"下，选中某个字段列，单击右键菜单中的"取消冻结所有字段"或者"开始"选项卡中"记录"选项组添加的"其他 / 取消冻结所有字段"按钮，即可解除所有冻结的列。

3.4.4 表的导入和链接

为了使用外部数据源的数据，Access 提供了导入和链接两种选择。导入是一种将数据从其他文件复制到当前 Access 表中，或将数据从不同格式转换并复制到 Access 中的方法。导入完毕后，在原始文件或 Access 中编辑数据互相没有影响。链接并不是将数据复制过来，而是一种链接到其他应用程序中的数据的方法。链接完成后，若在其他应用程序中编辑数据，那么在 Access 中也会查看到编辑后的数据。

【例 3.11】将 Excel 文件"图书 .xlsx"导入"图书借阅管理"数据库原有的"图书"表中。

操作步骤如下：

（1）打开"图书借阅管理"数据库。

（2）单击"外部数据"选项卡中"导入并链接"选项组中的"Excel"按钮，如图 3-23 所示。

图 3-23 "外部数据"选项卡

（3）在"获取外部数据 –Excel 电子表格"对话框的"文件名"文本框中指定要导入的 Excel 文件的文件名，如图 3-24 所示。

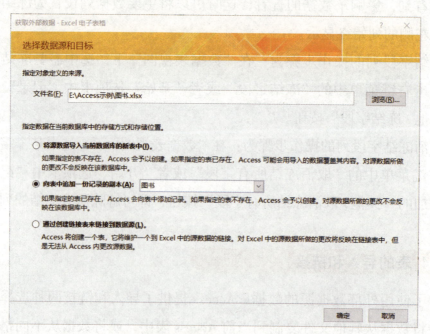

图 3-24 "获取外部数据 –Excel 电子表格"对话框

（4）选择"向表中追加一份记录的副本"单选按钮，在右侧的下拉列表中选择"图书"，然后单击"确定"按钮，弹出"导入数据表向导"对话框，如图 3-25 所示。

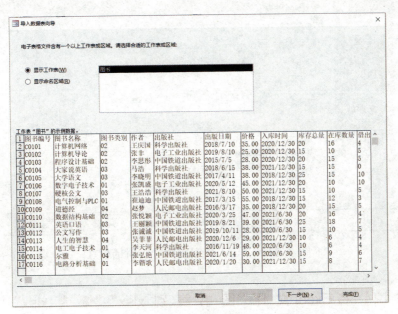

图 3-25 "导入数据表向导"对话框 1

（5）单击"下一步"按钮，结果如图 3-26 所示；继续点击"下一步"按钮，结果如图 3-27 所示，点击"完成"按钮。

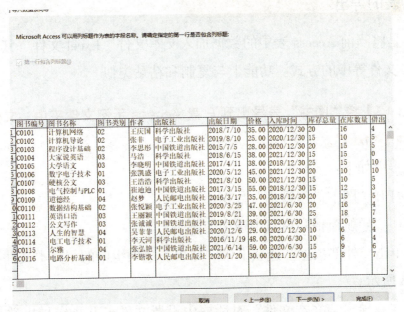

图 3-26 "导入数据表向导"对话框 2

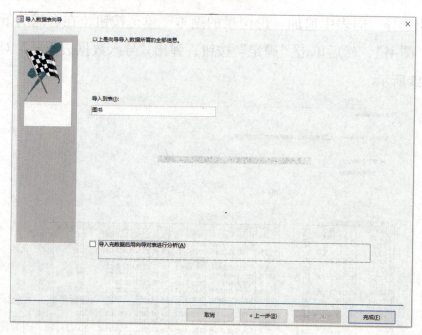

图 3-27　"导入数据表向导"对话框 3

【例 3.12】 将 Excel 文 件 "图 书 类 别 .xlsx""读 者 .xlsx""读 者 类别 .xlsx""图书借阅 .xlsx"导入"图书借阅管理"数据库中。

操作过程参照例 3.11，此处不再赘述。

3.4.5 表的导出

导出是将当前 Access 表中的数据加入文本文件、Excel 文件、其他数据库表、XML 文件等中的方式。功能上与复制和粘贴类似。

【例 3.13】 将"图书"表导出到 E 盘 Access 示例文件夹中，文件格式为"文本文件（*.txt）"。

操作步骤如下：

（1）打开"图书借阅管理"数据库。

（2）在"导航窗格"窗口中选中"图书"表。

（3）单击"外部数据"选项卡中"导出"选项组中的"文本文件"按钮，如图 3-23 所示。

（4）在"导出 - 文本文件"对话框中设置文件名并指定导出选项，如图

3-28 所示。

　　（5）单击"确定"按钮，完成导出操作。

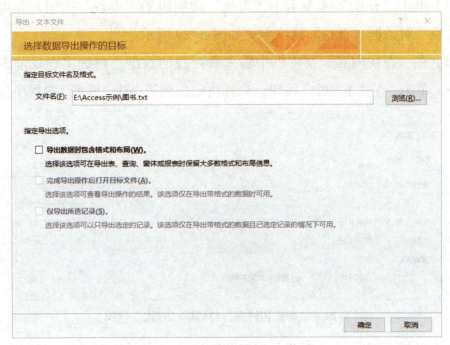

图 3-28　　"导出 - 文本文件"对话框

3.5　表的操作

　　表创建完成后，在"数据表视图"下可对表中的数据进行查找、替换、排序和筛选等操作。

3.5.1　数据查找与替换

　　在操作表时，如果表中数据非常多，要快速找到所需要的数据，可使用查找功能；如果要修改多处相同的内容可以使用替换功能。

　　查找的操作步骤如下：

（1）打开"图书借阅管理"数据库。

（2）在"导航窗格"窗口中双击要查找的表。

（3）单击"开始"选项卡中"查找"选项组的"查找"按钮，弹出"查找和替换"对话框"查找"选项卡，如图 3-29 所示。

（4）在"查找内容"文本框中输入要查找的数据，再确定查找范围和匹配条件，单击"查找下一个"按钮，光标将定位到第一个"匹配"数据项位置。

图 3-29　"查找和替换"对话框"查找"选项卡

如果只知道部分内容或者需要按照特定的要求对数据表进行查找，可以借助通配符来完成。通配符及用法见表 3-9。

表 3-9　通配符及用法

通配符	功能	示例
*	匹配任意数量的字符，可以在字符串中的任何位置使用	wh* 可以匹配任何以 wh 开头的单词
?	匹配任何单个字母字符	B?ll 可匹配只有四个字母组成，第一个字母是 B，第三和第四个字母是 l 的单词
#	匹配任何单个数字字符	1#2 可以匹配 102、112、122、132、142、152、162、172、182、192
[]	匹配括号内的任何单个字符	张 [大小] 红可以匹配张大红、张小红，但是不匹配张红红
!	匹配不在括号内的任何字符	张 [! 大小] 红可以匹配张红红，但是不匹配张大红、张小红
−	匹配任何一个字符的范围，且必须按升序指定范围	a[a−c]1 匹配 aa1，ab1 和 ac1

【例 3.14】查找"读者"表中姓"李"的学生的记录。

操作步骤如下：

（1）打开"图书借阅管理"数据库。

（2）在"导航窗格"窗口中双击"读者"表。

（3）单击"姓名"列。

（4）单击"开始"选项卡中"查找"选项组的"查找"按钮，弹出"查找和替换"对话框"查找"选项卡。

（5）在"查找内容"文本框中输入"李 *"，再确定查找范围和匹配条件，如图 3-30 所示。

（6）单击"查找下一个"按钮，找到后，光标将定位到第一条满足条件的记录。

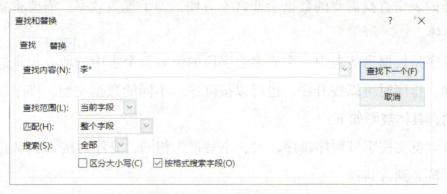

图 3-30　查找姓"李"的学生的记录

替换的操作步骤如下：

（1）打开"图书借阅管理"数据库。

（2）在"导航窗格"窗口中双击要操作的表。

（3）单击"开始"选项卡中"查找"选项组的"替换"按钮，弹出"查找和替换"对话框"替换"选项卡，如图 3-31 所示。

（4）在"查找内容"文本框中输入要查找的数据，在"替换为"文本框中输入要替换的数据，再确定查找范围和匹配条件，单击"替换"或"全部替换"按钮。

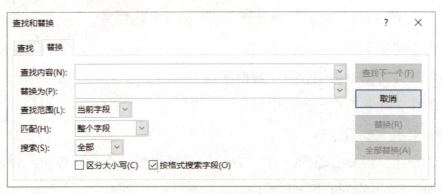

图 3-31　"查找和替换"对话框"替换"选项卡

3.5.2 记录排序

　　表中的数据一般是按照输入的顺序或者主键的升序顺序显示的，而有时在这样的表中查找需要的数据会非常不方便，为了提高效率，需要重新整理记录顺序。

　　排序是根据当前表中一个或多个字段的值对整个表中的所有记录进行重新排列。排序时可以按升序，也可以按降序。不同的数据类型，排序规则有所不同，具体规则如下：

　　（1）英文按字母顺序排序，大、小写视为相同，升序时按 A 到 Z 排序，降序时按 Z 到 A 排序。

　　（2）中文按拼音字母的顺序排序，升序时按 A 到 Z 排序，降序时按 Z 到 A 排序。

　　（3）数字按数字的大小排序，升序时从小到大排序，降序时从大到小排序。

　　（4）日期和时间字段，按日期的先后顺序排序，升序时按从前到后的顺序排序，降序时按从后到前的顺序排序。

　　（5）对于"文本"型的字段，如果其取值只有数字，则按照 ASCI 码值的大小来排序，而不是按照数值本身的大小来排序。

　　【例 3.15】在"读者"表中按"编号"字段进行降序排序。

　　操作步骤如下：

（1）打开“图书借阅管理”数据库。

（2）在“导航窗格”窗口中双击“读者”表。

（3）单击“编号”列。

（4）单击“开始”选项卡中“排序和筛选”选项组的“降序”按钮，结果如图 3-32 所示。

读者

编号	姓名	性别	身份证号	读者类别	单位名称	单位地址	手机	办证日期	有效日期	电子邮件
E2013102	孙志强	男	440116199309130XXX	5	广州医科学院	广东省广州市	15901010XXX	2015/8/25	2018/8/25	
E2012201	王倩凡	男	370101200306201XXX	5	济南大学	山东省济南市	15901010XXX	2009/6/26	2012/6/26	
E2010102	刘燕敏	女	610101199603202XXX	5	西北交通大学	陕西省西安市	15901010XXX	2006/11/20	2009/11/20	
E2010101	张国良	男	410302199505153XXX	5	洛阳师范学院	河南省洛阳市	15901010XXX	2012/9/18	2015/9/18	
D2013104	李娜	女	532901200306021XXX	4	大理大学	云南省大理市	15901010XXX	2018/7/19	2021/7/19	
D2010201	张悦鑫	女	140227200108094XXX	4	大同大学	山西省大同市	15901010XXX	2008/12/25	2011/12/25	
D2008201	李红	女	140100199203251XXX	4	太原科技大学	山西省太原市	15901010XXX	2008/8/20	2011/8/20	
C2013103	李浩然	男	530101199809153XXX	3	昆明大学	云南省昆明市	15901010XXX	2018/9/10	2021/9/10	
C2008102	杨帆	男	130200198202090XXX	3	唐山学院	河北省唐山市	15901010XXX	2005/10/20	2008/10/20	
B2013101	李振兴	男	131000200605202XXX	2	廊坊师范学院	河北省廊坊市	15901010XXX	2004/3/25	2007/3/25	
B2012202	王一诺	女	370200199110258XXX	2	青岛大学	山东省青岛市	15901010XXX	2010/10/29	2013/10/29	
B2008101	马明德	男	130600198708164XXX	2	保定理工学院	河北省保定市	15901010XXX	2016/9/6	2019/9/6	
A2010302	李源凯	男	610300199811254XXX	1	宝鸡文理学院	陕西省宝鸡市	15901010XXX	2007/11/11	2010/11/11	
A2008202	马晓红	女	410171198512102XXX	1	郑州大学	河南省郑州市	15901010XXX	2004/5/22	2007/5/22	

图 3-32　按“编号”降序排序后的结果

【例 3.16】在“读者”表中按“性别”字段和“身份证号”字段进行升序排序。

操作步骤如下：

（1）打开“图书借阅管理”数据库。

（2）在“导航窗格”窗口中双击“读者”表。

（3）选中“性别”列和“身份证号”列。

（4）单击“开始”选项卡中“排序和筛选”选项组的“升序”按钮，结果如图 3-33 所示。

读者

编号	姓名	性别	身份证号	读者类别	单位名称	单位地址	手机	办证日期	有效日期	电子邮件
C2008102	杨帆	男	130200198202090XXX	3	唐山学院	河北省唐山市	15901010XXX	2005/10/20	2008/10/20	
B2008101	马明德	男	130600198708164XXX	2	保定理工学院	河北省保定市	15901010XXX	2016/9/6	2019/9/6	
B2013101	李振兴	男	131000200605202XXX	2	廊坊师范学院	河北省廊坊市	15901010XXX	2004/3/25	2007/3/25	
E2012201	王倩凡	男	370101200306201XXX	5	济南大学	山东省济南市	15901010XXX	2009/6/26	2012/6/26	
E2010101	张国良	男	410302199505153XXX	5	洛阳师范学院	河南省洛阳市	15901010XXX	2012/9/18	2015/9/18	
E2013102	孙志强	男	440116199309130XXX	5	广州医科学院	广东省广州市	15901010XXX	2015/8/25	2018/8/25	
C2013103	李浩然	男	530101199809153XXX	3	昆明大学	云南省昆明市	15901010XXX	2018/9/10	2021/9/10	
A2010302	李源凯	男	610300199811254XXX	1	宝鸡文理学院	陕西省宝鸡市	15901010XXX	2007/11/11	2010/11/11	
D2008201	李红	女	140100199203251XXX	4	太原科技大学	山西省太原市	15901010XXX	2008/8/20	2011/8/20	
D2010201	张悦鑫	女	140227200108094XXX	4	大同大学	山西省大同市	15901010XXX	2008/12/25	2011/12/25	
B2012202	王一诺	女	370200199110258XXX	2	青岛大学	山东省青岛市	15901010XXX	2010/10/29	2013/10/29	
A2008202	马晓红	女	410171198512102XXX	1	郑州大学	河南省郑州市	15901010XXX	2004/5/22	2007/5/22	
D2013104	李娜	女	532901200306021XXX	4	大理大学	云南省大理市	15901010XXX	2018/7/19	2021/7/19	
E2010102	刘燕敏	女	610101199603202XXX	5	西北交通大学	陕西省西安市	15901010XXX	2006/11/20	2009/11/20	

图 3-33　按“性别”和“身份证号”升序排序后的结果

注意：多字段排序时，是从左到右按照各字段的值依次进行排序的，先按照最左边字段的值进行排序，如果其值相同时，再按照第二个字段的值进行排序。依次类推。

3.5.3 记录筛选

在使用数据表时，若想从众多数据中挑选出一部分满足条件的记录来进行显示，而隐藏不满足条件的记录，可以采用筛选的方式进行操作。

Access 2016 提供了 4 种筛选方法：按内容筛选、使用筛选器筛选、按窗体筛选和高级筛选。

3.5.3.1 按内容筛选

按内容筛选是指先选中表中的值，然后在表中查找等于、不等于、包含或不包含该值的记录。

【例 3.17】在"图书"表中筛选出"出版社"字段为"中国铁道出版社"的记录。

操作步骤如下：

（1）打开"图书借阅管理"数据库。

（2）在"导航窗格"窗口中双击"图书"表。

（3）在"出版社"列中选中字段值"中国铁道出版社"。

（4）单击"开始"选项卡中"排序和筛选"选项组的"选择"按钮，在下拉列表中选择"等于中国铁道出版社"选项即可显示所有"中国铁道出版社"的记录。筛选结果如图 3-34 所示。

图书编号	图书名称	图书系列	作者	出版社	出版日期	价格	入库时间	库存总量	在库数量	借出数量
C0103	程序设计基础	02	李思彤	中国铁道出版社	2015/7/5	28.00	2020/12/30	20	15	5
C0105	大学语文	03	李晓朗	中国铁道出版社	2017/4/11	38.00	2018/12/30	25	15	10
C0108	电气控制与PLC	01	崔波波	中国铁道出版社	2017/3/15	55.00	2018/12/30	15	12	3
C0111	英语口语	03	王丽丽	中国铁道出版社	2019/8/21	39.00	2021/6/30	15	12	3
C0112	公文写作	03	张波浪	中国铁道出版社	2019/10/11	28.00	2020/6/30	25	18	7
C0115	素描	04	张弘超	中国铁道出版社	2021/6/14	59.00	2020/6/30	15	9	6

图 3-34　按内容筛选的筛选结果

（5）单击"开始"选项卡中"排序和筛选"选项组的"高级 / 清除所有筛选器"，可以清除筛选。

3.5.3.2 使用筛选器筛选

使用筛选器可以查找某一字段满足一定条件的记录，如果同时对多个字段值进行筛选，则需要多次使用筛选器，且多个字段的条件同时满足。

【例 3.18】在"图书"表中筛选出"价格"字段为"25~35"的记录。

操作步骤如下：

（1）打开"图书借阅管理"数据库。

（2）在"导航窗格"窗口中双击"图书"表。

（3）在"价格"列中选中任何一个字段值，然后单击右键菜单中的"数字筛选器 / 介于"，在弹出的"数字范围"对话框中的"最小"和"最大"文本框中输入值，如图 3-35 所示。

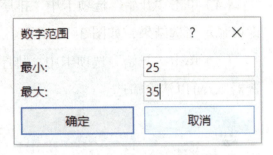

图 3-35　"数字范围"对话框

（4）单击"确定"按钮，筛选出相应的记录。结果如图 3-36 所示。

图书								
作者	出版社	出版日期	价格	入库时间	库存总量	在库数量	借出数量	新书入库
王庆国	科学出版社	2018/7/10	35.00	2020/12/30	20	16	4	
张菲	电子工业出版社	2019/8/10	25.00	2020/12/30	15	10	5	
李思彤	中国铁道出版社	2015/7/5	28.00	2020/12/30	20	15	5	
赵梦	人民邮电出版社	2016/3/17	35.00	2018/12/30	20	15	5	
张涵涵	中国铁道出版社	2019/10/11	28.00	2020/6/30	15	10	5	
吴菲菲	人民邮电出版社	2020/12/6	29.00	2021/12/30	10	6	4	
李楷歌	人民邮电出版社	2020/1/20	30.00	2021/12/30	15	8	7	

图 3-36　使用筛选器筛选的结果

3.5.3.3 按窗体筛选

按窗体筛选不仅可以同时对两个以上的字段值进行筛选，还可以通过窗体底部的"或"标签确定两个字段值之间的关系。默认是"且"的关系。

【例 3.19】在"图书"表中筛选出中国铁道出版社出版的图书类别为"03"的记录。

操作步骤如下：

（1）打开"图书借阅管理"数据库。

（2）在"导航窗格"窗口中双击"图书"表。

（3）单击"开始"选项卡中"排序和筛选"选项组的"高级 / 按窗体筛选"按钮，弹出"图书：按窗体筛选"窗口，在"出版社"字段下方单元格单击，在下拉列表中选择"中国铁道出版社"；在"图书类别"字段下方单元格单击，在下拉列表中选择"03"，如图 3-37 所示。

图 3-37　在"图书：按窗体筛选"窗口中设置条件

（4）单击"开始"选项卡中"排序和筛选"选项组的"切换筛选"按钮，即可显示筛选结果，如图3-38所示。

（5）单击"开始"选项卡中"排序和筛选"选项组的"高级/清除所有筛选器"，可以清除筛选。

图3-38　按窗体筛选的结果

3.5.3.4 高级筛选

高级筛选可以进行复杂筛选，不仅可以筛选出符合多重条件的记录，而且可以对筛选结果进行排序。多个字段的条件写在同一行时相互之间是"且"的关系，错行是"或"的关系。

【例3.20】在"图书"表中筛选"中国铁道出版社"及"电子工业出版社"类别为"02"的图书记录，并按"图书类别"降序排序。

操作步骤如下：

（1）打开"图书借阅管理"数据库。

（2）在"导航窗格"窗口中双击"图书"表。

（3）单击"开始"选项卡中"排序和筛选"选项组的"高级/高级筛选/排序"按钮，弹出"高级筛选/排序"窗口，在下方设计网格的第一个字段行中选择"出版社"和"图书类别"，然后输入相应的条件；单击"图书类别"的"排序"单元格，选择"降序"，如图3-39所示。

（4）单击"开始"选项卡中"排序和筛选"选项组的"切换筛选"按钮，即可显示筛选结果，如图3-40所示。

（5）单击"开始"选项卡中"排序和筛选"选项组的"高级/清除所有筛选器"，可以清除筛选。

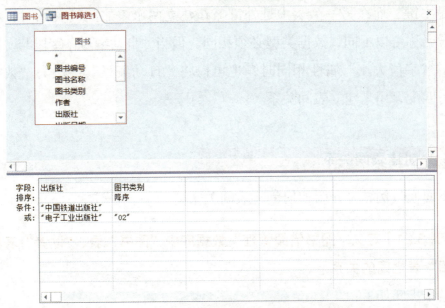

图 3-39 在"高级筛选 / 排序"窗口中设置条件

图 3-40 高级筛选的结果

3.6 创建表间关系

　　数据库中多个表之间往往存在某种联系，比如在"图书借阅管理"数据库中，"图书编号"分别在"图书"表和"图书借阅"表中出现，因此这两个表之间存在着关联。通过建立表间关系可以保证表间数据编辑的同步性，实现实施参照完整性约束。

3.6.1 创建表间关系的前提

　　表间关系通过关联字段中的数据来建立，多数情况下，关联字段在一个表中是主键，而在另一个表中是外键。在建立两个表之间的关系时，相关联的字段名称可以不同，数据类型必须相同。但当"自动编号"字段与"数字"字段的"字段大小"属性相同时，也可以将"自动编号"字段与"数字"字段进行匹配，用来建立表间关系。

3.6.2 创建表间关系

下面通过例题来介绍如何创建表间关系。

【例 3.21】定义"图书借阅管理"数据库中"图书"表、"读者"表和"图书借阅"表之间的关系。

操作步骤如下：

（1）打开"图书借阅管理"数据库。

（2）单击"数据库工具"选项卡中"关系"选项组的"关系"按钮，弹出"显示表"对话框，选中"读者"，然后单击"添加"按钮，把"读者"表添加到"关系"窗口中，接着使用同样的方法将"图书"表和"图书借阅"表添加到"关系"窗口中。

（3）单击"关闭"按钮，关闭"显示表"对话框。出现"关系"窗口，如图 3-41 所示。

（4）选定"读者"表中的"编号"字段，然后按住鼠标左键并将其拖动到"图书借阅"表中的"读者编号"字段上，释放鼠标左键，此时屏幕上显示图 3-42 所示的"编辑关系"对话框。

（5）选择"实施参照完整性"复选框，然后单击"创建"按钮。

图 3-41　"关系"窗口

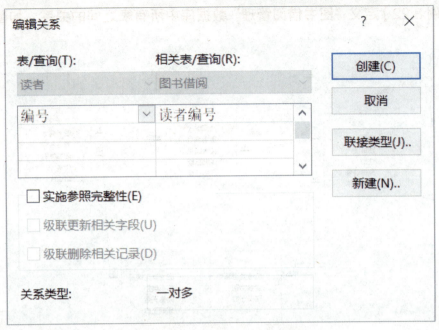

图 3-42 "编辑关系"对话框

（6）用同样的方法将"图书"表中的"图书编号"拖动到"图书借阅"表中的"图书编号"字段上，同时实施参照完整性，结果如图 3-43 所示。

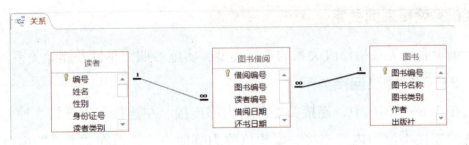

图 3-43 "读者"表、"图书"表、"图书借阅"表之间的关系对话框

（7）单击"关系工具"选项卡中"关系"选项组中的"关闭"按钮。这时 Access 会询问是否保存布局的更改，单击"是"按钮，关系设置完成。

使用参照完整性时要遵循下列规则：

（1）不能在相关表的外键字段中输入不存在于主表的主键中的值。但是，可以在外键中输入一个 Null 值来指定这些记录之间并没有关系。

（2）如果在相关表中存在匹配的记录，则不能从主表中删除这个记录。

（3）如果某个记录有相关的记录，则不能在主表中更改主键值。

【例 3.22】定义"图书借阅管理"数据库中所有表之间的关系，如图 3-44 所示。

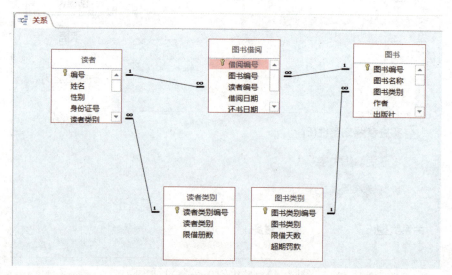

图 3-44　"图书借阅管理"数据库中所有表之间的关系

操作步骤请参照例 3.21，此处不再赘述。

3.6.3　编辑表间关系

编辑表间关系指修改关系的连接类型、实施参照完整性及删除关系等。

3.6.3.1　修改连接类型

在 Access2016 中，连接类型分为内部连接、左连接和右连接 3 种。系统默认的连接类型为内部连接，要想修改为其他方式，可在"关系"窗口中双击要修改的关系连接线，弹出"编辑关系"对话框，如图 3-45 所示，点击"联接类型"按钮，弹出"联接属性"对话框，如图 3-46 所示，在对话框中选择需要的连接类型，单击"确定"按钮，回到"编辑关系"对话框，单击"确定"按钮即可完成连接类型的修改。

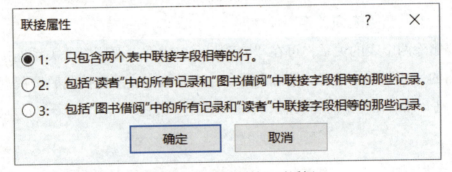

图 3-45 "编辑关系"对话框

联接属性   ?   ✕

⦿ 1： 只包含两个表中联接字段相等的行。

◯ 2： 包括"读者"中的所有记录和"图书借阅"中联接字段相等的那些记录。

◯ 3： 包括"图书借阅"中的所有记录和"读者"中联接字段相等的那些记录。

确定   取消

图 3-46 "联接属性"对话框

3.6.3.2 级联更新和级联删除

对实行参照完整性的关系，可以指定是否允许 Access 自动对相关记录进行级联更新和级联删除。其中，"级联更新相关字段"使得主键和关联表中的相关字段保持同步的改变，而"级联删除相关记录"使得删除主表记录时，会自动删除相关表中与主键值对应的记录。

【例 3.23】级联更新相关字段。

操作步骤如下：

（1）打开"图书借阅管理"数据库。

（2）单击"数据库工具"选项卡中"关系"选项组的"关系"按钮，打开"关系"窗口，在"关系"窗口中双击要修改的关系连接线，弹出"编辑关系"对话框，选择"级联更新相关字段"复选框，然后单击"确定"按钮。

设置完成后，可修改主表中关联字段的某个值，然后打开相关表查看相关字段的值是否改变。

【例 3.24】级联删除相关记录。

操作步骤如下：

（1）打开"图书借阅管理"数据库。

（2）单击"数据库工具"选项卡中"关系"选项组的"关系"按钮，打开"关系"窗口，在"关系"窗口中双击要修改的关系连接线，弹出"编辑关系"对话框，选择"级联删除相关记录"复选框，然后单击"确定"按钮。

设置完成后，可删除主表中的某个记录，然后打开相关表查看与主表中被删除记录主键值相对应的记录是否被删除。

3.6.3.3 删除表间关系

要删除两个表的关系，可在"关系"窗口中右击要删除的关系连接线，在弹出的快捷菜单中选择"删除"命令，或者单击关系连接线后按键盘上的Delete 键，然后在弹出的确认框中单击"确定"按钮。

习　题

1. 选择题

（1）若要求在文本框中输入文本时达到密码"*"的显示效果，则应该设置的属性是（　　）。

    A. 默认值　　　　　　　　　　B. 有效性文本

    C. 输入掩码　　　　　　　　　D. 密码

（2）定义字段默认值的含义是（　　）。

    A. 不得使该字段为空

    B. 在未输入数据之前系统自动提供的数值

    C. 不允许字段的值超出某个范围

    D. 不得使该字段值有重复

（3）在 Access 中，如果不想显示数据表中的某些字段，可以使用的命令是（　　）。

    A. 筛选　　　　　　　　　　　B. 删除

    C. 冻结　　　　　　　　　　　D. 隐藏

（4）邮政编码是由 6 位数字组成的字符串，为邮政编码设置输入掩码，正确的是（　　）。

    A. 000000　　　　　　　　　　B. 999999

    C. ######　　　　　　　　　　D. CCCCCC

（5）Access 中通配符"!"的含义是（　　）。

    A. 匹配任意数量的字符　　　　B. 匹配不在括号内的任意字符

    C. 匹配方括号内的任一单个字符　　D. 匹配任何单个字母字符

（6）下列不能编辑和修改数据的字段是（　　）。

    A. 短文本字段　　　　　　　　B. 数字字段

    C. OLE 对象字段　　　　　　　D. 自动编号字段

（7）可以改变"字段大小"属性的字段类型是（　　）。

    A. 短文本　　　　　　　　　　B. OLE 对象

    C．超链接   D．货币

（8）Access 中通配符"[ ]"的含义是（　　）。

    A．匹配任意数量的字符   B．匹配不在括号内的任意字符

    C．匹配方括号内的任一单个字符 D．匹配任何单个字母字符

（9）在定义表中字段属性时，对要求输入相对固定格式的数据，如电话号码 010–12345678，应该定义该字段的（　　）。

    A．格式   B．默认值

    C．输入掩码   D．验证规则

（10）下列对数据输入无法起到约束作用的是（　　）。

    A．输入掩码   B．验证规则

    C．验证文本   D．数据类型

（11）在已经建立的数据表中，若在显示表中内容时使某些字段不能移动显示位置，可以使用的方法是（　　）。

    A．冻结   B．排序

    C．隐藏   D．筛选

（12）掩码"LLL000"对应的正确输入数据是（　　）。

    A．123456   B．abc123

    C．123abc   D．abcdef

（13）在 Access 数据库的表设计视图中，不能进行的操作是（　　）。

    A．调整字段顺序   B．设置验证规则

    C．删除字段   D．输入数据

（14）Access 中，设置为主键的字段（　　）。

    A．不能设置索引   B．可设置为"有（有重复）"索引

    C．系统自动设置索引   D．可设置为"无"索引

（15）在满足实体完整性约束的条件下（　　）。

    A．一个关系中必须有多个候选关键字

    B．一个关系中只能有一个候选关键字

    C．一个关系中应该有一个或多个候选关键字

    D．一个关系中可以没有候选关键字

（16）若设置字段的输入掩码为"####-######"，该字段正确的输入数据是（　　）。

    A. 1234-12345　　　　　　　　B. 1234-abcdef

    C. abcd-123456　　　　　　　　D. ####-######

（17）下列关于输入掩码的叙述中，错误的是（　　）。

    A. 在定义字段的输入掩码时，可以使用输入掩码向导

    B. 定义字段的输入掩码，是为了设置密码

    C. 输入掩码中的字符"0"表示必须输入数字 0 至 9 之间的一个数字

    D. 直接使用字符定义输入掩码时，可以根据需要将字符组合起来

（18）若将文本字符串"23""8""7"按升序排序，则排序的结果是（　　）。

    A."23""8""7"　　　　　　　　B."7""8""23"

    C."23""7""8"　　　　　　　　D."7""23""8"

（19）输入掩码字符"C"的含义是（　　）。

    A. 必须输入字母或数字

    B. 可以选择输入任意的字符或一个空格

    C. 必须输入一个任意的字符或一个空格

    D. 可以选择输入字母或数字

（20）下列关于索引的叙述中，错误的是（　　）。

    A. 可以对单个字段或多个字段建立索引

    B. 可以提高对表中记录的查询速度

    C. 可以加快对表中记录的排序速度

    D. 可以为所有的数据类型建立索引

2. 填空题

（1）Access 表中有 3 种索引设置，即"无"索引、_____索引和_____索引。

（2）Access 的数据表由_____和_____组成。

（3）在操作数据表时，如果要修改表中多处相同的数据，可以使用_____功能。

（4）修改表内容只能在_____视图中完成。

Access 2016 数据库应用技术教程

（5）在数据表视图中，_____某字段列或几个字段列后，无论用户怎样水平滚动窗口，这些字段总是可见的，并且总是显示在窗口的最左边。

（6）在输入数据时，如果希望输入的格式标准保持一致或希望检查输入时的错误，可以通过设置字段的_____属性来设置。

（7）_____属性只影响数据的显示或打印格式，不影响数据的存储和输入格式。

（8）Access 2016 提供了_____、_____、_____和_____4 种筛选方法。

（9）在向数据库中输入数据时，若要求所输入的字符必须是数字，则应该设置的输入掩码是_____。

（10）在 Access 中，要在查找条件中与任意单个数字字符匹配，可使用的通配符是_____。

3. 操作题

完成例 3.1~ 例 3.24 的所有操作。

查　询

数据库中的数据通常被保存在数据表中，用户可以对表中数据进行排序、筛选、更新等操作，同时在有需要的时候也可对数据进行检索和分析。数据库的优点不仅在于它能存储数据，更在于它能处理数据，其强大的查询功能，使用户能够很方便地从海量数据中找到针对特定需求的数据。使用 Access 2016 查询对象可以按照不同的方式查看、更改和分析数据，满足用户的不同需求，查询结果也可以作为其他数据库对象（如窗体、报表等）的数据来源。本章主要介绍查询的功能和类型、利用"查询向导"和"设计视图"创建选择查询、在查询中进行计算、参数查询、交叉表查询、操作查询、SQL 查询等。

4.1 查询的基本概念

查询是 Access 2016 数据库中的一个具有条件检索和计算功能的主要对象。查询就是按用户给定的要求（包括条件、范围、方式等）从指定的数据源中查找，将符合条件的数据提取出来，形成类似表的数据集合。但这个数据集合是一个动态数据集合，在数据库中实际上并不存在，只有在运行查询时，Access 才会从查询源表的数据中将其抽取出来。这样既可以节约存储空间，又可以保持查询结果与数据源中数据的同步。查询的数据源可以是一个表，也可以是多个相关联的表，还可以是其他查询。查询的结果不仅可以作为窗体、报表的数据源，还可以作为另一个查询的基础。

4.1.1 查询的功能

Access 2016 的查询功能非常强大，提供的方式也非常灵活，可以使用多种方法来实现对查询数据的要求。其中，最主要的功能如下。

（1）选择字段和记录。从一个或多个表中选择部分或全部字段。例如，创建一个查询，只显示"读者"表的编号、姓名、性别字段，这是对列进行的操作。或者从一个或多个表中将符合某个指定条件的记录选取出来。例如，从"读者"表中提取女读者的记录，这是对行进行的操作。这两种操作可以单独进行，也可以同时进行。

（2）统计和计算。查询不仅可以找到满足条件的记录，还可以在建立查询时进行各种统计和计算，也可以定义新的字段来保存计算结果。例如，计算每类图书的库存总册数、计算各类别的男女读者人数等。

（3）编辑记录。编辑记录主要包括添加记录、修改记录和删除记录等。在 Access 2016 中，可以利用查询添加、修改和删除表中的记录。例如，将中国铁道出版社出版的图书从"图书"表中删除。

（4）产生新的表。利用查询得到的结果可以建立一个新表。例如，将未还书的读者信息找出来并存放在一个新表中。

（5）作为其他对象的数据源。为了从一个或多个表中选择合适的数据显示在报表或窗体中，用户可以先建立一个查询，然后将查询的结果作为报表或窗体的数据源。每次打印报表或窗体时，该查询就从它的基表中检索出符合条件的新记录。这样就提高了报表或窗体的使用效果。需要注意的是，由于表和查询都可以将数据提供给窗体、报表或另外一个查询，所以一个数据库中的数据表和查询名称不可重复。因此，可以看出，Access 2016 的查询不仅是从数据源中提取数据，有的查询操作还包含了对原来数据表的编辑和维护。

4.1.2 查询的类型

Access 2016 支持 5 种不同类型的查询，即选择查询、参数查询、交叉表查询、操作查询和 SQL 查询。

（1）选择查询。选择查询是最常用的查询类型，它可以根据指定的查询准则从数据库的一个或多个表中检索数据。也可以在查询中对记录进行分组，并对记录做总计、计数、平均值以及其他类型的统计计算。

（2）参数查询。参数查询在执行时将出现对话框，提示用户输入参数，系统根据所输入的参数找出符合条件的记录。

（3）交叉表查询。使用交叉表查询可以计算并重新组织数据的结构，这样可以更加方便地分析数据。交叉表查询计算数据的总计、计数、平均值或其他类型的综合计算。这种数据可以分为两类信息：一类作为行标题在数据表的左侧排列；另一类作为列标题在数据表的顶端排列。

（4）操作查询。操作查询是只需进行一次操作就可以更改许多记录的查询。共有 4 种类型：

生成表查询：根据一个或多个表中的全部或部分数据创建新表。

更新查询：对一个或多个表中的一组记录作全局的更改，一旦更改则不能恢复。

Access 2016 数据库应用技术教程

删除查询：先从表中找出满足条件的记录，然后将这些记录从原表中删除，删除的是符合条件的整条记录。

追加查询：将查询的结果添加到其他表的尾部。

（5）SQL 查询。SQL 查询是用户使用 SQL 语句创建的查询。用户可以用结构化查询语句（SQL）来查询、更新和管理 Access 2016 这样的关系数据库。Access 2016 中，在查询的设计视图中创建的每一个查询，系统都在后台为它建立了一个等效的 SQL 语句。SQL 查询是由程序设计语句构成，而不像其他查询是由设计网格构成。

4.2 选择查询

Access 2016 提供了两种创建查询的方法：一是使用"查询向导"创建查询；二是使用"设计视图"创建查询。

4.2.1 使用"查询向导"创建选择查询

使用"查询向导"创建查询是最常用、最简单的方法，用户可以在向导的提示下选择表和表中的字段。

【例 4.1】使用"查询向导"创建一个查询。查询的数据源为"读者"表，选择"编号""姓名""性别""身份证号""单位名称""手机"字段，将所建查询命名为"读者基本信息查询"。

操作步骤如下：

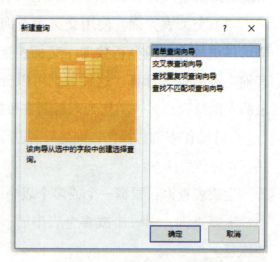

图 4-1　"新建查询"对话框

106

（1）启动 Access 2016 应用程序，打开"图书借阅管理"数据库。

（2）单击"创建"选项卡→"查询"选项组→"查询向导"按钮，弹出"新建查询"对话框，如图 4-1 所示。

（3）选择"简单查询向导"选项，单击"确定"按钮，弹出"简单查询向导"对话框，如图 4-2 所示。在"表/查询"下拉列表中选择用于查询的"表：读者"，此时在"可用字段"列表框中显示了"读者"数据表的所有字段。选择查询需要的字段，单击 > 按钮，则所选字段被添加到"选定字段"列表框中。重复上述操作，依次添加需要的字段到"选定字段"列表框中。

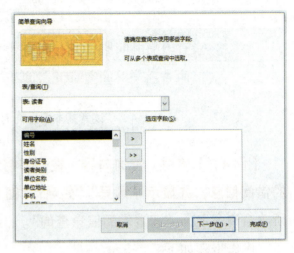

图 4-2 "简单查询向导"对话框

（4）单击"下一步"按钮，弹出指定查询标题的"简单查询向导"对话框，如图 4-3 所示。在"请为查询指定标题"文本框中输入"读者基本信息查询"。在"请选择是打开查询还是修改查询设计"栏中选中"打开查询查看信息"单选按钮。单击"完成"按钮，打开"读者基本信息查询"的"数据表视图"，如图 4-4 所示。

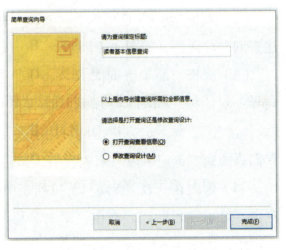

图 4-3 "简单查询向导"对话框输入查询名称

读者基本信息查询					
编号	姓名	性别	身份证号	单位名称	手机
A2008202	马晓红	女	410171198512102XXX	郑州大学	15901010XXX
A2010302	李源凯	男	610300199811254XXX	宝鸡文理学院	15901010XXX
B2008101	马明德	男	130600198708164XXX	保定理工学院	15901010XXX
B2012202	王一诺	女	370200199110258XXX	青岛大学	15901010XXX
B2013101	李振兴	男	131000200605202XXX	廊坊师范学院	15901010XXX
C2008102	杨帆	男	130200198202090XXX	唐山学院	15901010XXX
C2013103	李浩然	男	530101189809153XXX	昆明大学	15901010XXX
D2008201	李红	女	140100199203251XXX	太原科技大学	15901010XXX
D2010201	张悦鑫	女	140227200108094XXX	大同大学	15901010XXX
D2013104	李娜	女	532901200306021XXX	大理大学	15901010XXX
E2010101	张国良	男	410302199505153XXX	洛阳师范学院	15901010XXX
E2010102	刘燕敏	女	610101199603202XXX	西北交通大学	15901010XXX
E2012201	王博凡	男	370101200306201XXX	济南大学	15901010XXX
E2013102	孙志强	男	440116199309130XXX	广州医科学院	15901010XXX

图 4-4　"读者基本信息查询"的"数据表视图"

【例 4.2】使用"查询向导"在"图书借阅管理"数据库中查找每名读者的借阅信息，并显示"编号""姓名""图书名称""借阅日期"4 个字段，将所建查询命名为"读者借阅信息查询"。

操作步骤如下：

（1）启动 Access 2016 应用程序，打开"图书借阅管理"数据库。

（2）单击"创建"选项卡→"查询"选项组→"查询向导"按钮，弹出"新建查询"对话框，如图 4-1 所示。

（3）选择"简单查询向导"选项，单击"确定"按钮，弹出"简单查询向导"对话框，如图 4-2 所示。在"表/查询"下拉列表中选择用于查询的"表：读者"，然后分别双击"可用字段"列表框中"编号""姓名"字段，将它们添加到"选定字段"列表框中，如图 4-5 所示。

（4）再次在"表/查询"下拉列表中选择用于查询的"表：图书"，然后双击"可用字段"列表框中"图书名称"字段，将其添加到"选定字段"列表框中，如图 4-6 所示。

（5）重复步骤 3，将"图书借阅"表中的"借阅日期"字段添加到"选定字段"列表框中，如图 4-7 所示。

图4-5 选择"读者"表中字段

图4-6 选择"图书"表中字段

（6）单击"下一步"按钮，弹出请确定采用明细查询还是汇总查询的"简单查询向导"对话框，在"请确定采用明细查询还是汇总查询"栏中选中"明细（显示每个记录的每个字段）"单选按钮，如图4-8所示。

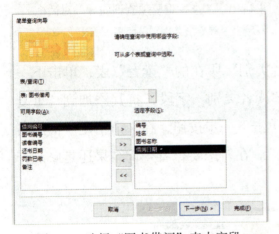

图4-7 选择"图书借阅"表中字段

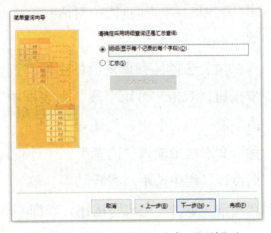

图4-8 选择"明细"（或"汇总"）

（7）单击"下一步"按钮，弹出指定查询标题的"简单查询向导"对话框，如图4-3所示。在"请为查询指定标题"文本框中输入"读者借阅信息查询"。在"请选择是打开查询还是修改查询设计"栏中选中"打开查询查看信息"单选按钮。单击"完成"按钮，

编号	姓名	图书名称	借阅日期
C2008102	杨帆	计算机网络	2021/6/8
E2010101	张国良	程序设计基础	2021/8/16
B2012202	王一诺	程序设计基础	2021/7/20
C2013103	李浩然	大学语文	2019/3/9
B2008101	马明德	电气控制与PLC	2019/11/16
A2008202	马晓红	道德经	2020/10/18
D2010201	张悦鑫	道德经	2021/10/4
B2012202	王一诺	程序设计基础	2022/8/18
B2012202	王一诺	电工电子技术	2021/7/20

图4-9 "读者借阅信息查询"的"数据表视图"

打开"读者借阅信息查询"的"数据表视图",如图 4-9 所示。

【例 4.3】使用"查询向导"在"图书借阅管理"数据库中完成对"读者"表中各种读者类别人数的统计查询,将所建查询命名为"读者类别统计查询"。

操作步骤如下:

(1)启动 Access 2016 应用程序,打开"图书借阅管理"数据库。

(2)单击"创建"选项卡→"查询"选项组→"查询向导"按钮,弹出"新建查询"对话框,如图 4-1 所示。

(3)选择"查找重复项查询向导"选项,单击"确定"按钮,弹出"查找重复项查询向导"对话框,如图 4-10 所示。

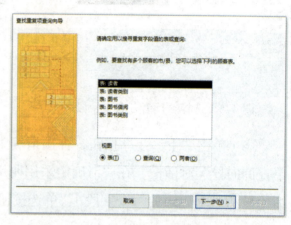

图 4-10 "查找重复项查询向导"对话框

(4)选择具有重复值的字段"读者类别"所在的"读者"表,单击下一步按钮,双击"可用字段"列表框中"读者类别"字段,将其添加到"重复值字段"列表框中,如图 4-11 所示。单击下一步按钮,在"请指定查询的名称"文本框中输入"读者类别统计查询"。在"您要查看查询结果还是修改查询设计"栏中选中"查看结果"单选按钮。单击"完成"按钮,查询结果如图 4-12 所示。查询结果中的字段名"NumberOfDps"是系统为统计计数字段的命名,用户可以根据需要为其重新命名。此查询结果表示"读者"表中读者类别为"1""2""3""4""5"的读者的人数分别为 2 人、3 人、2 人、3 人和 4 人。

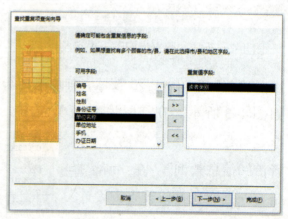

图 4-11 选择包含重复信息的"读者类别"字段

读者类别 字段 ▼	NumberOfDups ▼
1	2
2	3
3	2
4	3
5	4

读者类别统计查询

图 4-12　读者类别统计查询

【例 4.4】使用"查询向导"在"图书借阅管理"数据库中查找那些在"图书借阅"表中没有借书的读者记录（即没有借书的读者），并显示"编号""姓名""性别"字段，将所建查询命名为"没有借书的读者查询"。

操作步骤如下：

（1）启动 Access 2016 应用程序，打开"图书借阅管理"数据库。

（2）单击"创建"选项卡→"查询"选项组→"查询向导"按钮，弹出"新建查询"对话框，如图 4-1 所示。

（3）选择"查找不匹配项查询向导"选项，单击"确定"按钮，弹出"查找不匹配项查询向导"对话框，如图 4-13 所示。选择"读者"表后单击"下一步"按钮，在弹出的"查找不匹配项查询向导"对话框中选择含有相关记录的表，即"图书借阅"表，如图 4-14 所示。

（4）单击"下一步"按钮，确定两表中都有的信息，即匹配字段。在"读者"表的字段列表框中选择"编号"字段；在"图书借阅"表的字段列表框中选择"读者编号"字段，如图 4-15 所示。

（5）单击"下一步"按钮，选择查询结果中需要显示的字

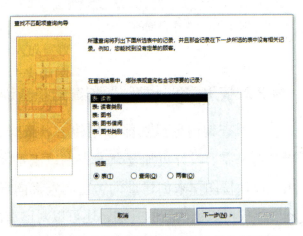

图 4-13　"查找不匹配项查询向导"对话框

段，在列表框中选择"编号""姓名""性别"字段，如图 4-16 所示。

（6）单击"下一步"按钮，在"请指定查询的名称"文本框中输入"没有借书的读者查询"。在"您要查看查询结果还是修改查询设计"栏中选中"查看结果"单选按钮。单击"完成"按钮，查询结果如图 4-17 所示。

图 4-14　选择包含相关记录的"图书借阅"表

图 4-15　选择匹配字段

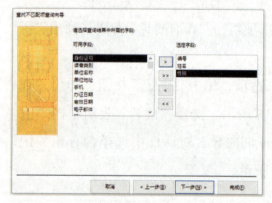

图 4-16　选择查询的字段

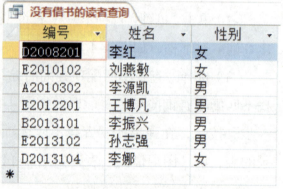

图 4-17　没有借书的读者查询

4.2.2　使用"设计视图"创建选择查询

使用查询向导虽然能够创建一些简单的查询，但是其实际的功能很有限。如果需要设计更加复杂的查询以满足实际的功能上的需要，那么可以使用"设计视图"来创建查询。它比查询向导的功能强大，而且应用"设计视图"不仅可以创建新的查询，还可以对已有的查询进行编辑和修改。

打开查询的"设计视图"的方法如下：

单击"创建"选项卡→"查询"选项组→"查询设计"按钮，弹出"显示表"对话框，添加相应的表。单击"关闭"按钮，关闭"显示表"对话框。打开查询的"设计视图"，如图 4-18 所示。查询的"设计视图"分为上下两部分。上半部分称为表 / 查询输入区，显示查询要使用的表或者其他查询；下半部分称为设计网格。

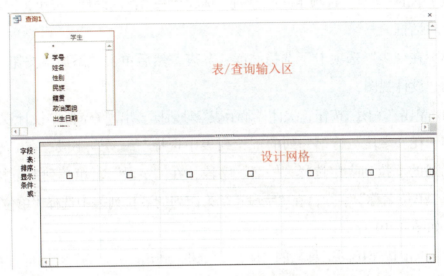

图 4-18　查询的"设计视图"

设计网格中要设置的内容如下：

（1）字段：查询结果中所显示的字段。可以从上部的字段列表中拖动字段或者单击该行，从显示的下拉列表中选择字段名，以添加字段。也可以通过表达式的使用生成计算字段，并根据一个或多个字段的计算提供计算字段的值。

（2）表：查询的数据源。

（3）排序：确定查询结果中字段的排序方式，有"升序"和"降序"两种方式可供选择。

（4）显示：选择是否在查询结果中显示字段，当对应字段的复选框被选中时，表示该字段在查询结果中显示，否则不显示。

（5）条件：同一行中的多个条件之间是逻辑"与"的关系。

（6）或：表示多个条件之间是逻辑"或"的关系。

【例 4.5】使用"设计视图"在"图书借阅管理"数据库中查找并显示读者的"编号""姓名""单位名称""单位地址"4 个字段，将所建查询命名为"读者单位信息查询"。

操作步骤如下：

（1）启动 Access 2016 应用程序，打开"图书借阅管理"数据库。

（2）单击"创建"选项卡→"查询"选项组→"查询设计"按钮，弹出"显示表"对话框。

（3）在"表"选项卡下选择"读者"表，然后单击"添加"按钮，添加该表到"设计视图"。

（4）单击"关闭"按钮，关闭"显示表"对话框。出现查询的"设计视图"。

（5）在"字段"行第一列的下拉列表中选择"编号"字段；在"字段"行第二列的下拉列表中选择"姓名"字段；在"字段"行第三列的下拉列表中选择"单位名称"字段；在"字段"行第四列的下拉列表中选择"单位地址"字段，如图 4-19 所示。

（6）单击快速访问工具栏的"保存"按钮，弹出"另存为"对话框，在"查询名称"文本框中输入"读者单位信息查询"，保存该查询。

（7）单击"查询工具"→"设计"选项卡→"结果"选项组→"视图"→"数据表视图"按钮，切换到"数据表视图"，查看查询结果。

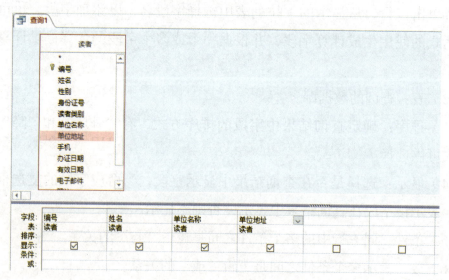

图 4-19　"读者单位信息查询"的"设计视图"

【例 4.6】使用"设计视图"在"图书借阅管理"数据库中查找并显示读者的"编号""姓名""图书名称""作者""出版社""借阅日期""还书日期"7个字段,将所建查询命名为"图书借阅详细信息查询"。

操作步骤如下:

(1)启动 Access 2016 应用程序,打开"图书借阅管理"数据库。

(2)单击"创建"选项卡→"查询"选项组→"查询设计"按钮,弹出"显示表"对话框。

(3)在"表"选项卡下选择"图书借阅"表,然后单击"添加"按钮,添加该表到"设计视图"。用同样的方法添加"读者"表和"图书"表到设计视图。

(4)单击"关闭"按钮,关闭"显示表"对话框。出现查询的"设计视图"。

(5)在"字段"行第一列的下拉列表中选择"读者.编号"字段;在"字段"行第二列的下拉列表中选择"读者.姓名"字段;在"字段"行第三列的下拉列表中选择"图书.图书名称"字段;在"字段"行第四列的下拉列表中选择"图书.作者"字段;在"字段"行第五列的下拉列表中选择"图书.出版社"字段;在"字段"行第六列的下拉列表中选择"图书借阅.借阅日期"字段;在"字段"行第七列的下拉列表中选择"图书借阅.还书日期"字段。"设计视图",如图 4-20 所示。

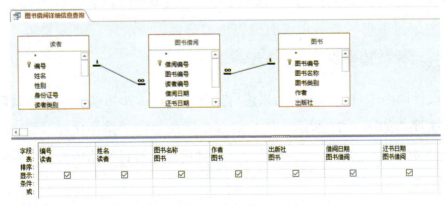

图 4-20 "图书借阅详细信息查询"的"设计视图"

(6)单击快速访问工具栏的"保存"按钮,弹出"另存为"对话框,在"查询名称"文本框中输入"图书借阅详细信息查询",保存该查询。

（7）单击"查询工具"→"设计"选项卡→"结果"选项组→"视图"→"数据表视图"按钮，切换到"数据表视图"，查看查询结果。

4.2.3 运行查询

运行查询的方法如下：

（1）"导航窗格"运行查询。双击查询对象列表中要运行的查询名称或者选中查询对象列表中要运行的查询名称并单击右键，在弹出的快捷菜单中选择"打开"命令。

（2）"设计视图"运行查询。单击"查询工具"→"设计"选项卡→"结果"选项组→"运行"按钮。

4.2.4 编辑字段

（1）在设计网格中移动字段。单击列选定器选择列，将字段拖动到新位置，移动过程中鼠标指针变成矩形。

（2）在设计网格中添加、删除字段。

添加字段：从表中将需要的字段拖动到设计网格，或在表中双击字段名添加字段。如果双击表中的"*"号，表示将表中的所有字段都添加到查询中。

删除字段：单击列选定器，选定字段后按【Delete】键。

4.2.5 排序查询结果

在设计网格中可以对查询结果进行排序。Access 2016 提供了升序或降序两种排序次序，如图 4-21 所示。如果对多个字段指定了排序次序，那么 Access 2016 就会先对最左边的字段进行排序，因此应该在设计网格中按从左到右的顺序排列要排序的字段。

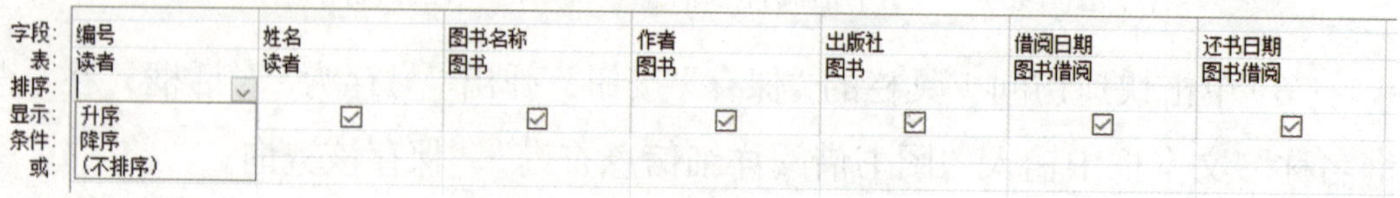

字段：	编号	姓名	图书名称	作者	出版社	借阅日期	还书日期
表：	读者	读者	图书	图书	图书	图书借阅	图书借阅
排序：	∨						
显示：	升序	☑	☑	☑	☑	☑	☑
条件：	降序						
或：	（不排序）						

图 4-21　对查询结果进行排序

4.2.6　指定查询条件

在创建查询时可以指定查询条件，以使查询结果只包含满足条件的数据。查询条件一般是运算符、常量、字段值、函数、字段名和属性等的任意组合，能够计算出一个结果。（这部分请参考 1.7 节相关内容）。

【例 4.7】以"读者"表为数据源，在"图书借阅管理"数据库中查找并显示男读者的"编号""姓名""性别""读者单位""手机"5 个字段，将所建查询命名为"男读者信息查询"。

操作步骤如下：

（1）启动 Access 2016 应用程序，打开"图书借阅管理"数据库。

（2）单击"创建"选项卡 → "查询"选项组 → "查询设计"按钮，弹出"显示表"对话框。

（3）在"表"选项卡下选择"读者"表，然后单击"添加"按钮，添加该表到"设计视图"。

（4）单击"关闭"按钮，关闭"显示表"对话框。出现查询的"设计视图"。

（5）在"字段"行第一列的下拉列表中选择"编号"字段；在"字段"行第二列的下拉列表中选择"姓名"字段；在"字段"行第三列的下拉列表

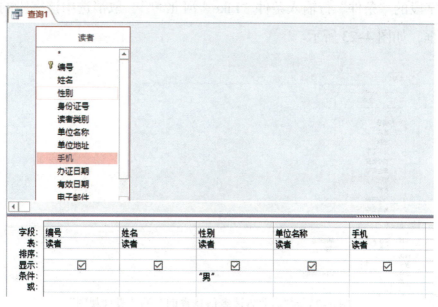

图 4-22　"男读者信息查询"的"设计视图"

中选择"性别"字段，在条件行上输入条件"男"；在"字段"行第四列的下拉列表中选择"读者单位"字段；在"字段"行第五列的下拉列表中选择"手机"字段。如图 4-22 所示。

（6）单击快速访问工具栏的"保存"按钮，弹出"另存为"对话框，在"查询名称"文本框中输入"男读者信息查询"，保存该查询。

（7）单击"查询工具"→"设计"选项卡→"结果"选项组→"视图"→"数据表视图"按钮，切换到"数据表视图"，查看查询结果。

【例 4.8】以"读者"表为数据源，在"图书借阅管理"数据库中查找并显示河北省的读者信息，将所建查询命名为"河北省读者信息查询"。

操作步骤如下：

（1）启动 Access 2016 应用程序，打开"图书借阅管理"数据库。

（2）单击"创建"选项卡→"查询"选项组→"查询设计"按钮，弹出"显示表"对话框。

（3）在"表"选项卡下选择"读者"表，然后单击"添加"按钮，添加该表到"设计视图"。

（4）单击"关闭"按钮，关闭"显示表"对话框。出现查询的"设计视图"。

（5）双击"读者"表中的 *，再双击"单位地址"字段，然后在"单位地址"字段的"条件"行输入条件"Like " 河北 *""，取消选中该字段的"显示"复选框，如图 4-23 所示。

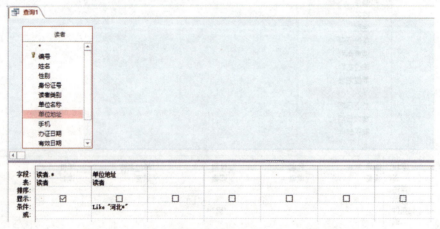

图 4-23　"河北省读者信息查询"的"设计视图"

（6）单击快速访问工具栏的"保存"按钮，弹出"另存为"对话框，在"查询名称"文本框中输入"河北省读者信息查询"，保存该查询。

（7）单击"查询工具"→"设计"选项卡→"结果"选项组→"视图"→"数据表视图"按钮，切换到"数据表视图"，查看查询结果。

【例4.9】以"图书借阅"表为数据源，在"图书借阅管理"数据库中查找并显示罚款已缴的借阅信息，将所建查询命名为"罚款已缴借阅信息查询"。

操作步骤如下：

（1）启动 Access 2016 应用程序，打开"图书借阅管理"数据库。

（2）单击"创建"选项卡→"查询"选项组→"查询设计"按钮，弹出"显示表"对话框。

（3）在"表"选项卡下选择"图书借阅"表，然后单击"添加"按钮，添加该表到"设计视图"。

（4）单击"关闭"按钮，关闭"显示表"对话框。出现查询的"设计视图"。

（5）双击"图书借阅"表中的 *，再双击"罚款已缴"字段，然后在"罚款已缴"字段的"条件"行输入条件"True"，取消选中该字段的"显示"复选框，如图4-24所示。

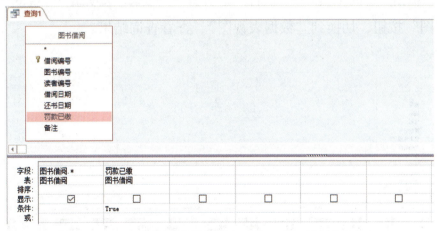

图4-24 "罚款已缴借阅信息查询"的"设计视图"

（6）单击快速访问工具栏的"保存"按钮，弹出"另存为"对话框，在"查询名称"文本框中输入"罚款已缴借阅信息查询"，保存该查询。

（7）单击"查询工具"→"设计"选项卡→"结果"选项组→"视图"→"数

据表视图"按钮,切换到"数据表视图",查看查询结果。

【**例 4.10**】以"**读者**"表为数据源,在"**图书借阅管理**"数据库中查找并显示除河北省外的女读者的所有信息,将所建查询命名为"**河北省外女读者信息查询**"。

操作步骤如下:

(1)启动 Access 2016 应用程序,打开"图书借阅管理"数据库。

(2)单击"创建"选项卡→"查询"选项组→"查询设计"按钮,弹出"显示表"对话框。

(3)在"表"选项卡下选择"读者"表,然后单击"添加"按钮,添加该表到"设计视图"。

(4)单击"关闭"按钮,关闭"显示表"对话框。出现查询的"设计视图"。

(5)添加所有字段到设计视图,在"性别"字段的"条件"行上输入条件"女",在"单位地址"字段的"条件"行输入条件"Not Like " 河北省 *"",如图 4-25 所示。

(6)单击快速访问工具栏的"保存"按钮,弹出"另存为"对话框,在"查询名称"文本框中输入"河北省外女读者信息查询",保存该查询。

(7)单击"查询工具"→"设计"选项卡→"结果"选项组→"视图"→"数据表视图"按钮,切换到"数据表视图",查看查询结果。

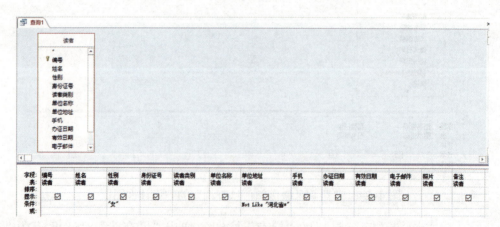

图 4-25 "河北省外女读者信息查询"的"设计视图"

4.2.7 自定义计算查询

使用自定义计算，可以用一个或多个字段的值对每个记录执行数值、日期和文本计算。例如在实际应用中，可以根据借阅日期和限借天数，计算应还日期和超期天数等。自定义计算时，直接在设计网格中创建新的计算字段，其方法是：将表达式输入到查询设计网格中的"空字段"单元格中。

【例 4.11】在"图书借阅管理"数据库中对图书借阅超期情况进行查询，查找并显示读者的"编号""姓名""图书编号""图书名称""作者""借阅日期""还书日期""应还日期""超期天数"9 个字段内容，查询结果按照"超期天数"字段升序排序，将所建查询命名为"图书借阅超期查询"。(其中，"应还日期"和"超期天数"字段为新增加的字段，"应还日期"字段的计算表达式为"应还日期：[借阅日期]+[限借天数]"；"超期天数"字段的计算表达式为"超期天数：Date（ ）–[借阅日期]–[限借天数]"）。

操作步骤如下：

（1）启动 Access 2016 应用程序，打开"图书借阅管理"数据库。

（2）单击"创建"选项卡→"查询"选项组→"查询设计"按钮，弹出"显示表"对话框。

（3）在"表"选项卡下选择"读者"表，然后单击"添加"按钮，添加该表到"设计视图"。用同样的方法，添加"图书""图书类别"和"图书借阅"表到"设计视图"。

（4）单击"关闭"按钮，关闭"显示表"对话框。出现查询的"设计视图"。

（5）在"字段"行第一列的下拉列表中选择"读者.编号"字段；在"字段"行第二列的下拉列表中选择"读者.姓名"字段；在"字段"行第三列的下拉列表中选择"图书.图书编号"字段；在"字段"行第四列的下拉列表中选择"图书.图书名称"字段；在"字段"行第五列的下拉列表中选择"图书.作者"字段；在"字段"行第六列的下拉列表中选择"图书借阅.借阅日期"字段；在"字段"行第七列的下拉列表中选择"图书借阅.还书日期"字段，并在该字段下面的"条件"行上输入条件"Is Null"；在"字段"行第八列的文本框中输入"应还日期：[借阅日期]+[限借天数]"；在"字段"行第九列的文本框中输入"超期天数：Date（）–[借阅日期]–[限借天数]"，在该字段下面的"排序"行上，单击右侧的下拉按钮，在弹出的下拉列表中选择"升序"，在该字段下面的"条件"行上输入条件">=0"，如图 4–26 所示。

（6）单击快速访问工具栏的"保存"按钮，弹出"另存为"对话框，在"查询名称"文本框中输入"图书借阅超期查询"，保存该查询。

（7）单击"查询工具"→"设计"选项卡→"结果"选项组→"视图"→"数据表视图"按钮，切换到"数据表视图"，查看查询结果。

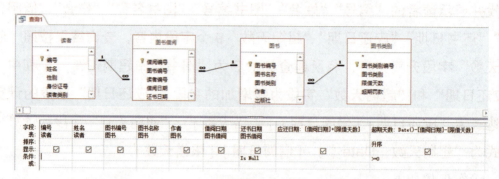

图 4–26　"图书借阅超期查询"的"设计视图"

【例 4.12】以"读者"表为数据源，在"图书借阅管理"数据库中查找并显示读者的"编号姓名""性别""单位名称"3 个字段内容，查询结果按照"性别"字段降序排序，将所建查询命名为"编号姓名合并查询"。（其中，"编号姓名"字段为新增加的字段，显示的内容为编号和姓名，其计算表达式为："编号姓名：[编号] & [姓名]"）。

操作步骤如下：

（1）启动 Access 2016 应用程序，打开"图书借阅管理"数据库。

（2）单击"创建"选项卡→"查询"选项组→"查询设计"按钮，弹出"显示表"对话框。

（3）在"表"选项卡下选择"读者"表，然后单击"添加"按钮，添加该表到"设计视图"。

（4）单击"关闭"按钮，关闭"显示表"对话框。出现查询的"设计视图"。

（5）在"字段"行第一列的文本框中输入"编号姓名：[编号] & [姓名]"；在"字段"行第二列的下拉列表中选择"性别"字段，在该字段下面的"排序"行上，单击右侧的下拉按钮，在弹出的下拉列表中选择"降序"；在"字段"行第三列的下拉列表中选择"单位名称"字段，如图 4-27 所示。

图 4-27　"编号姓名合并查询"的"设计视图"

（6）单击快速访问工具栏的"保存"按钮，弹出"另存为"对话框，在"查询名称"文本框中输入"编号姓名合并查询"，保存该查询。

（7）单击"查询工具"→"设计"选项卡→"结果"选项组→"视图"→"数据表视图"按钮，切换到"数据表视图"，查看查询结果。

4.2.8　预定义计算查询

4.2.8.1　全部记录总计查询

除了自己定义一些表达式进行计算查询外，系统还提供了一些统计函数对表或查询进行统计计算，如求和、计数、平均值等。Access 2016 允许在查询中利用设计网格的"总计"行进行各种统计计算。单击"查询工具"→"设计"选项卡 →"显示 / 隐藏"选项组→"汇总"按钮，便会在"设计视图"下方的设计网格中显示出"总计"行。设计网格中的每个字段，都可以在"总计"行中选择总计项，并以此来对查询中的一条或多条记录进行计算。在 Access 2016 中，总计行可以使用的聚合函数及其作用如下：

总计：计算某个字段的累加值。

平均值：计算某个字段的平均值。

计数：统计某个字段中非空值的个数。

最大值：计算某个字段中的最大值。

最小值：计算某个字段中的最小值。

标准差：计算某个字段的标准差。

分组：定义用来分组的字段。

第一条记录：求出在表或查询中第一条记录的字段值。

最后一条记录：求出在表或查询中最后一条记录的字段值。

表达式：创建表达式中包含统计函数的计算字段。

条件：指定分组满足的条件。

【例 4.13】以"读者"表为数据源，在"图书借阅管理"数据库中创建一个查询，统计读者的人数，将所建查询命名为"读者人数统计"。

操作步骤如下：

（1）启动 Access 2016 应用程序，打开"图书借阅管理"数据库。

（2）单击"创建"选项卡→"查询"选项组→"查询设计"按钮，弹出"显示表"对话框。

（3）在"表"选项卡下选择"读者"表，然后单击"添加"按钮，添加该表到"设计视图"。

（4）单击"关闭"按钮，关闭"显示表"对话框。出现查询的"设计视图"。

（5）在"字段"行第一列的下拉列表中选择"编号"字段，然后单击"查询工具"→"设计"选项卡→"显示/隐藏"选项组→"汇总"按钮，在"编号"字段下的"总计"行右侧的下拉列表中选择"计数"，如图 4-28 所示。

（6）单击快速访问工具栏的"保存"按钮，弹出"另存为"对话框，在"查询名称"文本框中输入"读者人数统计"，保存该查询。

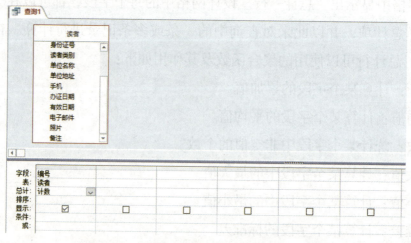

图 4-28　"读者人数统计"的"设计视图"

（7）单击"查询工具"→"设计"选项卡→"结果"选项组→"视图"→"数

据表视图"按钮，切换到"数据表视图"，查看查询结果。

4.2.8.2 分组记录总计查询

在实际应用中，如果需要对记录进行分组统计，可以使用分组统计功能。分组统计时，只需要在"设计视图"中将用于分组字段的"总计"行设置成"Group By"即可。

【例 4.14】在"图书借阅管理"数据库中创建一个查询，计算每类图书的平均价格，结果显示"图书类别"和"平均价格"，将所建查询命名为"各类图书平均价格"。

操作步骤如下：

（1）启动 Access 2016 应用程序，打开"图书借阅管理"数据库。

（2）单击"创建"选项卡→"查询"选项组→"查询设计"按钮，弹出"显示表"对话框。

（3）在"表"选项卡下选择"图书"表，然后单击"添加"按钮，添加该表到"设计视图"。选择"图书类别"表，然后单击"添加"按钮，添加该表到"设计视图"。

（4）单击"关闭"按钮，关闭"显示表"对话框。出现查询的"设计视图"。

（5）在"字段"行第一列的下拉列表中选择"图书类别.图书类别"字段，在"字段"行第二列的下拉列表中选择"图书.价格"字段。单击"查询工具"→"设计"选项卡→"显示/隐藏"选项组→"汇总"按钮，在"图书类别"字段下的"总计"行右侧的下拉列表中选择"Group by"，在"价格"字段下的"总计"行右侧的下拉列表中选择"平均值"，然后在"字段"行上"价格"字段的文本框的"价格"前输入"平均价格："，如图 4–29 所示。

（6）单击快速访问工具栏的"保存"按钮，弹出"另存为"对话框，在"查询名称"文本框中输入"各类图书平均价格"，保存该查询。

（7）单击"查询工具"→"设计"选项卡→"结果"选项组→"视图"→"数据表视图"按钮，切换到"数据表视图"，查看查询结果。

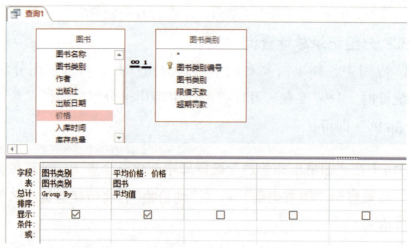

图4-29　"各类图书平均价格"的"设计视图"

4.2.9 联接类型对查询结果的影响

在创建查询时，如果需要重新编辑表或查询之间的关系，那么可以双击关系连线，弹出"联接属性对话框"，进而可以在该对话框中指定关系的联接类型，如图4-30所示。

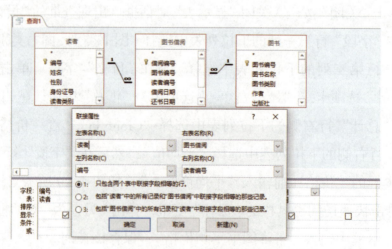

图4-30　查询的联接类型

4.2.9.1 内联接（或称为等值联接）

内联接是系统默认的联接类型，是对关系连线两端的表进行联接。具体的方式是两个表各取一条记录，在联接字段上进行字段值的联接匹配，若字段值相等，查询将合并这两个匹配的记录，并从中选取需要的字段组成一条记录显示在查询结果中；若字段值不匹配，则查询得不到结果。两个表的每条记录之间都要进行匹配，即一个表有 m 条记录，另一个表有 n 条记录，则两个表的联接匹配次数为 m*n 次。查询结果的记录条数等于字段值匹配相等记录数。

4.2.9.2 左联接

图 4-30 所示的第二种联接类型为左联接。联接查询的结果是"左表名称"文本框中的"表 / 查询"的所有记录与"右表名称"文本框中的"表 / 查询"中联接字段相等的记录。

4.2.9.3 右联接

图 4-30 所示的第三种联接类型为右联接。联接查询的结果是"右表名称"文本框中的"表 / 查询"的所有记录与"左表名称"文本框中的"表 / 查询"中联接字段相等的记录。

在 Access 2016 中，查询所需的联接类型大多数是内联接，只有极少数使用左联接和右联接。例如，查找不匹配项查询使用的就是左联接。左联接和右联接与两个表的先后次序有关，可以互相转化。

【例 4.15】在"图书借阅管理"数据库中创建一个查询，查找所有读者的图书借阅信息，结果显示"编号""姓名""图书编号""借阅日期""还书日期"5 个字段，将所建查询命名为"所有读者图书借阅信息"。

操作步骤如下：

（1）启动 Access 2016 应用程序，打开"图书借阅管理"数据库。

（2）单击"创建"选项卡→"查询"选项组→"查询设计"按钮，弹出"显示表"对话框。

（3）在"表"选项卡下选择"读者"表，然后单击"添加"按钮，添加该表到"设计视图"。选择"图书借阅"表，然后单击"添加"按钮，添加该表到"设计视图"。

（4）单击"关闭"按钮，关闭"显示表"对话框。出现查询的"设计视图"。

（5）在"字段"行第一列的下拉列表中选择"读者·编号"字段；在"字段"行第二列的下拉列表中选择"读者·姓名"字段；在"字段"行第三列的下拉列表中选择"图书借阅.图书编号"字段；在"字段"行第四列的下拉列

表中选择"图书借阅.借阅日期"字段；在"字段"行第五列的下拉列表中选择"图书借阅.还书日期"字段。然后双击"设计视图"上半部分的两个表的关系连线，弹出"联接属性"对话框，选择第 2 个单选按钮，如图 4-31 所示。

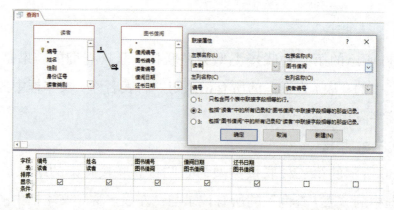

图 4-31　"所有读者图书借阅信息"的"设计视图"

（6）单击"确定"按钮，关闭"联接属性"对话框。

（7）单击快速访问工具栏的"保存"按钮，弹出"另存为"对话框，在"查询名称"文本框中输入"所有读者图书借阅信息"，保存该查询。

（8）单击"查询工具"→"设计"选项卡→"结果"选项组→"运行"按钮，查看查询结果，如图 4-32 所示。

编号	姓名	借阅日期	图书编号	还书日期
A2008202	马晓红	2020/10/18	C0109	2020/11/8
A2010302	李源凯			
B2008101	马明德	2019/11/16	C0108	2019/12/2
B2012202	王一诺	2021/7/20	C0103	2021/8/5
B2012202	王一诺	2020/8/18	C0103	2020/9/1
B2012202	王一诺	2021/10/30	C0114	
B2013101	李振兴			
C2008102	杨帆	2022/6/8	C0101	
C2013103	李浩然	2019/3/9	C0105	2019/4/5
D2008201	李红			
D2010201	张悦鑫	2021/12/4	C0109	
D2013104	李娜			
E2010101	张国良	2022/8/16	C0103	
E2010102	刘燕敏			
E2012201	王博凡			
E2013102	孙志强			

图 4-32　"所有读者图书借阅信息"查的"数据表视图"

【例 4.16】在"图书借阅管理"数据库中创建一个查询，查找没有还书的读者信息，结果显示读者的"编号"和"姓名"字段，将所建查询命名为"没

有还书的读者信息"。

操作步骤如下：

（1）启动 Access 2016 应用程序，打开"图书借阅管理"数据库。

（2）单击"创建"选项卡 → "查询"选项组 → "查询设计"按钮，弹出"显示表"对话框。

（3）在"表"选项卡下选择"读者"表，然后单击"添加"按钮，添加该表到"设计视图"。选择"图书借阅"表，然后单击"添加"按钮，添加该表到"设计视图"。

（4）单击"关闭"按钮，关闭"显示表"对话框。出现查询的"设计视图"。

（5）在"字段"行第一列的下拉列表中选择"读者.编号"字段；在"字段"行第二列的下拉列表中选择"读者.姓名"字段；在"字段"行第三列的下拉列表中选择"图书借阅.还书日期"字段。然后双击"设计视图"上半部分的两个表的关系连线，弹出"联接属性"对话框，选择第 1 个单选按钮。

（6）单击"确定"按钮，关闭"联接属性"对话框。在"还书日期"字段的"条件"行上输入条件"Is Null"，并取消选择"显示"复选框，如图 4–33 所示。

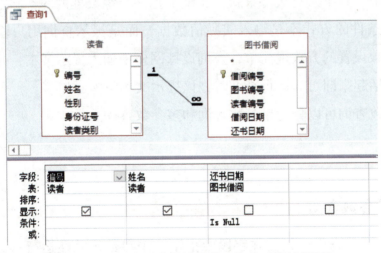

图 4–33　"没有还书的读者信息"的"设计视图"

（7）单击快速访问工具栏的"保存"按钮，弹出"另存为"对话框，在"查询名称"文本框中输入"没有还书的读者信息"，保存该查询。

（8）单击"查询工具" → "设计"选项卡 → "结果"选项组 → "运行"按钮，

查看查询结果，如图 4-34 所示。

图 4-34   "没有还书的读者信息"查询的"数据表视图"

4.3 ▶ 参数查询

使用参数查询可以在同一查询中根据输入的参数不同而得到不同的查询结果，且不必每次都重新创建整个查询。参数查询的不同之处在于其处理条件的方式不是输入实际值数据，而是提示查询用户输入条件值。参数设置的方法很简单，查询设计网格中输入提示文本，并用方括号将其括起来即可。运行查询时，该提示文本将显示出来。

参数查询可以分为单参数查询和多参数查询。

4.3.1 单参数查询

创建单参数查询，只需在字段中指定一个参数，并在运行参数查询时输入一个参数值。

【例 4.17】在"图书借阅管理"数据库中创建一个参数查询，查找并显示读者的"编号""姓名""性别"3 个字段信息。将"性别"作为参数，设计提示文本为"请输入性别："，将所建查询命名为"按性别查询"。

操作步骤如下：

（1）启动 Access 2016 应用程序，打开"图书借阅管理"数据库。

（2）单击"创建"选项卡→"查询"选项组→"查询设计"按钮，弹出"显示表"对话框。

（3）在"表"选项卡下选择"读者"表，然后单击"添加"按钮，添加该表到"设计视图"。

（4）单击"关闭"按钮，关闭"显示表"对话框。出现查询的"设计视图"。

（5）在"字段"行第一列的下拉列表中选择"编号"字段；在"字段"行第二列的下拉列表中选择"姓名"字段；在"字段"行第三列的下拉列表中选择"性别"字段，并在"性别"字段的"条件"行上输入"[请输入性别：]"，如图 4-35 所示。

（6）单击快速访问工具栏的"保存"按钮，弹出"另存为"对话框，在"查询名称"文本框中输入"按性别查询"，保存该查询。

（7）单击"查询工具"→"设计"选项卡→"结果"选项组→"视图"→"数据表视图"按钮，切换到"数据表视图"，查看查询结果。

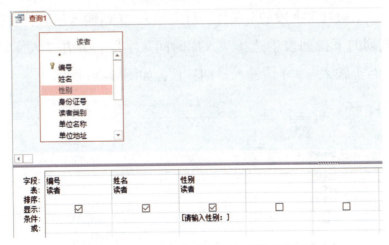

图 4-35　"按性别查询"的"设计视图"

4.3.2　多参数查询

创建多参数查询就是在字段中指定多个参数，并在运行参数查询时输入多个参数值。

【例 4.18】 在"图书借阅管理"数据库中创建一个参数查询，查找并显示图书的"图书编号""图书名称""作者""出版社""入库时间" 5 个字段信息。将"出版社"作为参数，设计提示文本为"请输入出版社："，将"入库时间"作为参数，设计提示文本为"请输入日期："，将所建查询命名为"多字段参数查询"。

操作步骤如下：

（1）启动 Access 2016 应用程序，打开"图书借阅管理"数据库。

（2）单击"创建"选项卡 → "查询"选项组 → "查询设计"按钮，弹出"显示表"对话框。

（3）在"表"选项卡下选择"图书"表，然后单击"添加"按钮，添加该表到"设计视图"。

（4）单击"关闭"按钮，关闭"显示表"对话框。出现查询的"设计视图"。

（5）在"字段"行第一列的下拉列表中选择"图书编号"字段；在"字段"行第二列的下拉列表中选择"图书名称"字段；在"字段"行第三列的下拉列表中选择"作者"字段；在"字段"行第四列的下拉列表中选择"出版社"字段，并在"出版社"字段的"条件"行上输入"[请输入出版社：]"；在"字段"行第五列的下拉列表中选择"入库时间"字段，并在"入库时间"字段的"条件"行上输入">=[请输入日期：]"，如图 4-36 所示。

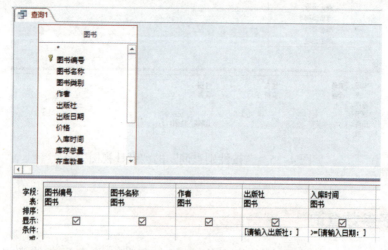

图 4-36 "多字段参数查询"的"设计视图"

（6）单击快速访问工具栏的"保存"按钮，弹出"另存为"对话框，在"查询名称"文本框中输入"多字段参数查询"，保存该查询。

（7）单击"查询工具"→"设计"选项卡→"结果"选项组→"视图"→"数据表视图"按钮，切换到"数据表视图"，查看查询结果。

4.4 交叉表查询

交叉表查询是一种创建类似于 Excel 数据透视表的查询，是一种将来源于某个表中的字段进行分组的技术。其中，一组列在查询表的左侧，一组列在查询表的上部，然后在查询表行与列的交叉处显示表中某个字段的各种计算值，如总和、平均、计数等。

创建交叉表查询需要指定设置 3 种字段：

（1）放在查询表最左端的分组字段构成行标题。

（2）放在查询表最上面的分组字段构成列标题。

（3）放在行与列交叉位置上的字段用于计算。

交叉表查询示例如图 4–37 所示。其中，后两种字段只能有 1 个，第一种即放在最左端的字段最多可以有 3 个。这样，交叉表查询就可以使用两个以上分组字段进行分组总计。

创建交叉表查询有两种方式，分别为"交叉表查询向导"和"设计视图"。

各类别男女读者统计查询		
读者类别	男	女
1	1	1
2	2	1
3	2	
4		3
5	3	1

图 4–37 交叉表查询示例

4.4.1 使用"查询向导"创建交叉表查询

【例 4.19】在"图书借阅管理"数据库中创建一个交叉表查询，统计各个出版社各类图书的册数，将所建查询命名为"各出版社各类图书册数统计"。

操作步骤如下：

（1）启动 Access 2016 应用程序，打开"图书借阅管理"数据库。

（2）单击"创建"选项卡→"查询"选项组→"查询向导"按钮，弹出"新建查询"对话框，选择"交叉表查询向导"选项，如图 4-38 所示，单击"确定"按钮。

（3）在弹出的"交叉表查询向导"对话框中的询问"请指定哪个表或查询中含有交叉表查询结果所需的字段："这里选择"表：图书"，如图 4-39 所示。

（4）单击"下一步"按钮，在询问"请确定用哪些字段的值作为行标题："中单击"可用字段"列表框中的"出版社"，然后单击 > 按钮把它添加到"选定字段"列表框中，如图 4-40 所示。

（5）单击"下一步"按钮，在询问"请确定用哪个字段的值作为列标题："中单击"图书类别"字段，如图 4-41 所示。

图 4-38 "新建查询"对话框

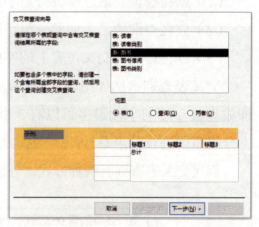

图 4-39 "交叉表查询向导"对话框 1

（6）单击"下一步"按钮，在询问"请确定为每个列和行的交叉点计算出什么数字："中单击"字段："列表框中的"图书编号"，然后再单击"函数："列表框中的"计数"。将在"请确定是否为每一行作小计："复选框默认是选中状态，如果不需要为每一行作小计，请取消选择"是，包括各行小计（Y）"前的复选框，如图4-42所示。

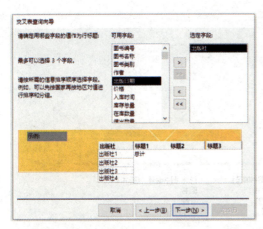

图4-40 "交叉表查询向导"对话框2

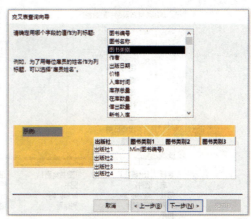

图4-41 "交叉表查询向导"对话框3

（7）单击"下一步"按钮，在"请指定查询的名称："下面的文本框中输入查询的名称"各出版社各类图书册数统计"，在"请选择是查看查询，还是修改查询设计"栏中选中"查看查询"单选按钮，如图4-43所示。

图4-42 "交叉表查询向导"对话框4

图4-43 "交叉表查询向导"对话框5

（8）单击"完成"按钮，弹出如图4-44所示的查询结果。

（9）单击"查询工具"→"设计"选项卡→"结果"选项组→"视图"→"设

图4-44 "各出版社各类图书册数统计"查询结果

计视图"按钮，切换到查询的"设计视图"，查看查询设计结构，如图 4-45 所示。

图 4-45 "各出版社各类图书册数统计"查询的"设计视图"

4.4.2 使用"设计视图"创建交叉表查询

【例 4.20】在"图书借阅管理"数据库中创建一个交叉表查询，统计"读者"表中各个读者类别的男女读者人数，将所建查询命名为"各类别男女读者统计查询"。

操作步骤如下：

（1）启动 Access 2016 应用程序，打开"图书借阅管理"数据库。

（2）单击"创建"选项卡 → "查询"选项组 → "查询设计"按钮，弹出"显示表"对话框。

（3）在"表"选项卡下选择"读者"表，然后单击"添加"按钮，添加该表到"设计视图"。

（4）单击"关闭"按钮，关闭"显示表"对话框。出现查询的"设计视图"。

（5）在"字段"行第一列的下拉列表中选择"读者类别"字段；在"字段"行第二列的下拉列表中选择"性别"字段；在"字段"行第三列的下拉列表中选择"编号"字段。然后单击"查询工具" → "设计"选项卡 → "查询类型"选项组 → "交叉表"按钮，这时会在查询的"设计视图"的设计网格中出现"总计"行和"交叉表"行。

（6）在"读者类别"和"性别"字段的"总计"行右侧的下拉列表中选择"Group By"，在"编号"字段的"总计"行右侧的下拉列表中选择"计数"；在"读者类别"字段的"交叉表"行右侧的下拉列表中选择"行标题"，在"性别"字段的"交叉表"行右侧的下拉列表中选择"列标题"，在"编号"字段的"交叉表"行右侧的下拉列表中选择"值"，如图 4-46 所示。

图 4-46 "各类别男女读者统计查询"的"设计视图"

（7）单击快速访问工具栏的"保存"按钮，弹出"另存为"对话框，在"查询名称"文本框中输入"各类别男女读者统计查询"，保存该查询。

（8）单击"查询工具"→"设计"选项卡→"结果"选项组→"视图"→"数据表视图"按钮，切换到"数据表视图"，查看查询结果。

4.5 操作查询

前面介绍的几种查询方法都是根据特定的查询条件，从数据源中选择数据并产生符合条件的动态数据集，但并没有改变表中原有的数据。而操作查询除了可以从数据源中选择数据外，还可以改变表中的内容，如增加数据、删除记录和更新数据等。

由于操作查询可以改变数据表的内容，并且这种改变是不可恢复的，所以某些错误的操作查询可能会造成数据表中数据的丢失。因此，用户在进行操作查询前应该对数据表进行备份。

操作查询分为4种类型：生成表查询、更新查询、删除查询和追加查询。

4.5.1 生成表查询

生成表查询是将查询的结果保存到一个表中，这个表可以是一个新表，也可以是已经存在的表。但是如果将查询结果保存在已有的表中，则该表中原有的内容将被删除。

【例4.21】在"图书借阅管理"数据库中创建一个查询，运行后生成一个新表，表名为"未还书读者"，表结构包括"编号""姓名""图书名称""还书日期"4个字段，表内容为未还书的所有读者记录。将所建查询命名为"未还书读者查询"。

操作步骤如下：

（1）启动Access 2016应用程序，打开"图书借阅管理"数据库。

（2）单击"创建"选项卡→"查询"选项组→"查询设计"按钮，弹出"显示表"对话框。

（3）在"表"选项卡下选择"读者"表，然后单击"添加"按钮，添加该表到"设计视图"。用同样的方法把"图书"表和"图书借阅"表也添加到"设计视图"。

（4）单击"关闭"按钮，关闭"显示表"对话框。出现查询的"设计视图"。

（5）在"字段"行第一列的下拉列表中选择"读者.编号"字段；在"字段"行第二列的下拉列表中选择"读者.姓名"字段；在"字段"行第三列的下拉列表中选择"图书.图书名称"字段；在"字段"行第四列的下拉列表中选择"图书借阅.还书日期"字段，并在条件行上输入"Is Null"，如图4-47所示。

（6）单击"查询工具"→"设计"选项卡→"查询类型"选项组→"生成表"按钮，弹出"生成表"对话框。在"表名称"文本框中输入新表的名称"未还书读者",如图 4-48 所示。

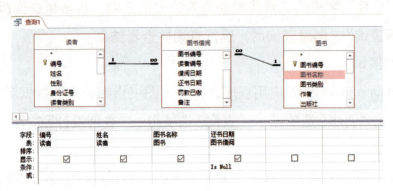

图 4-47 "未还书读者查询"的"设计视图"

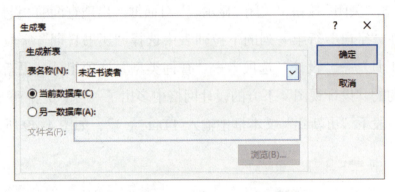

图 4-48 "生成表"对话框

（7）单击"确定"按钮，返回到查询的"设计视图"。单击快速访问工具栏的"保存"按钮，弹出"另存为"对话框，在"查询名称"文本框中输入"未还书读者查询"，保存该查询。

（8）单击"查询工具"→"设计"选项卡→"结果"选项组→"运行"按钮，运行该查询。在确认对话框中单击"是"按钮进行确认后将创建新表，且该表显示在"导航窗格"中。

（9）在"导航窗格"中查看是否生成了"未还书读者"表，如果存在，打开其"数据表视图"查看数据。

4.5.2 更新查询

更新查询可以对一个或多个表中符合查询条件的数据做批量的更改。

【例4.22】在"图书借阅管理"数据库中创建一个查询，将"未还书读者"表中"还书日期"字段的记录值更新为系统当前日期，将所建查询命名为"还书日期更新查询"。创建查询后，运行查询并查看结果。

操作步骤如下：

（1）启动 Access 2016 应用程序，打开"图书借阅管理"数据库。

（2）单击"创建"选项卡→"查询"选项组→"查询设计"按钮，弹出"显示表"对话框。

（3）在"表"选项卡下选择"未还书读者"表，然后单击"添加"按钮，添加该表到"设计视图"。

（4）单击"关闭"按钮，关闭"显示表"对话框。出现查询的"设计视图"。

（5）在"字段"行第一列的下拉列表中选择"还书日期"字段，然后单击"查询工具"→"设计"选项卡→"查询类型"选项组→"更新"按钮。这时在查询的"设计视图"下方的设计网格中多出了一行"更新到"，在"还书日期"字段下"更新到"文本框中输入"Date（）"，如图4-49所示。

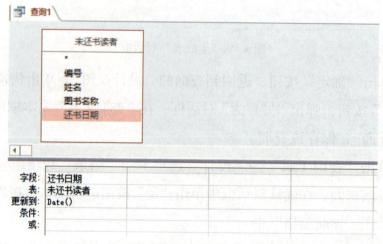

图4-49 "还书日期更新查询"的"设计视图"

（6）单击快速访问工具栏的"保存"按钮，弹出"另存为"对话框，在"查询名称"文本框中输入"还书日期更新查询"，保存该查询。

（7）单击"查询工具"→"设计"选项卡→"结果"选项组→"运行"按钮，运行该查询。在确认对话框中单击"是"按钮进行确认。

（8）在"导航窗格"中打开"未还书读者"表，查看数据。

4.5.3 删除查询

删除查询是指删除符合设定条件记录的查询。在数据库的使用过程中，当有些数据不再有意义时，可以将其删除。删除查询可以对一个或多个表中的一组记录做批量删除。如果要从多个表中删除相关记录，必须同时满足以下条件。

（1）已经定义了表间关系。

（2）在"编辑关系"对话框中已选中"实施参照完整性"复选框。

（3）在"编辑关系"对话框中已选中"级联删除相关记录"复选框。

【例 4.23】在"图书借阅管理"数据库中创建一个查询，删除"未还书读者"表中所有姓"张"的记录，将所建查询命名为"删除张姓查询"。创建查询后，运行查询并查看结果。

操作步骤如下：

（1）启动 Access 2016 应用程序，打开"图书借阅管理"数据库。

（2）单击"创建"选项卡→"查询"选项组→"查询设计"按钮，弹出"显示表"对话框。

（3）在"表"选项卡下选择"未还书读者"表，然后单击"添加"按钮，添加该表到"设计视图"。

（4）单击"关闭"按钮，关闭"显示表"对话框。出现查询的"设计视图"。

（5）在"字段"行第一列的下拉列表中选择"姓名"字段，然后单击"查询工具"→"设计"选项卡→"查询类型"选项组→"删除"按钮。这时在查询的"设计视图"下方的设计网格中多出了一行"删除"，在"姓名"字段下"条件"行的文本框中输入"Like " 张 *"，如图 4-50 所示。

（6）单击快速访问工具栏的"保存"按钮，弹出"另存为"对话框，在"查询名称"文本框中输入"删除张姓查询"，保存该查询。

（7）单击"查询工具"→"设计"选项卡→"结果"选项组→"运行"按钮，运行该查询。出现删除提示对话框，单击"是"按钮进行记录删除。

（8）在"导航窗格"中打开"未还书读者"表，查看数据。

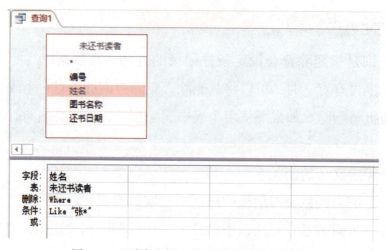

图 4-50 "删除张姓查询" 的 "设计视图"

4.5.4 追加查询

追加查询是将一个或多个表中符合条件的记录添加到另一个表的末尾的技术。可以使用追加查询从外部数据源中导入数据，然后将它们追加到现有表中，也可以从其他的 Access 数据库或同一数据库的其他表中导入数据。

【例 4.24】在"图书借阅管理"数据库中创建一个查询，将"读者"表中所有姓"张"的读者的"编号""姓名""图书名称""还书日期"追加到"未还书读者"表中（只追加未还书的记录），将所建查询命名为"追加张姓查询"。创建查询后，运行查询并查看结果。

操作步骤如下：

（1）启动 Access 2016 应用程序，打开"图书借阅管理"数据库。

（2）单击"创建"选项卡→"查询"选项组→"查询设计"按钮，弹出"显示表"对话框。

（3）在"表"选项卡下选择"读者"表，然后单击"添加"按钮，添加该表到"设计视图"。用同样的方法把"图书"表和"图书借阅"表也添加到设计视图。

（4）单击"关闭"按钮，关闭"显示表"对话框。出现查询的"设计视图"。

（5）在"字段"行第一列的下拉列表中选择"读者.编号"字段；在"字段"行第二列的下拉列表中选择"读者.姓名"字段，并在"条件"行上输入

"Like"张 *"";在"字段"行第三列的下拉列表中选择"图书.图书名称"字段;在"字段"行第四列的下拉列表中选择"图书借阅.还书日期"字段,并在"条件"行上输入"Is Null"。

（6）单击"查询工具"→"设计"选项卡→"查询类型"选项组→"追加"按钮,弹出"追加"对话框。在"表名称"文本框右侧的下拉列表中选择要追加到表的名称"未还书读者",如图 4-51 所示。

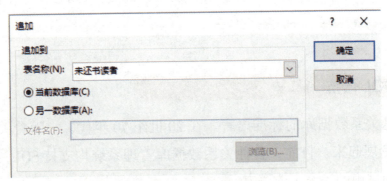

图 4-51 "追加"对话框

（7）单击"确定"按钮,返回到查询的"设计视图",如图 4-52 所示。

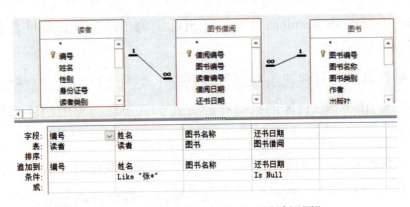

图 4-52 "追加张姓查询"的"设计视图"

（8）单击快速访问工具栏的"保存"按钮,弹出"另存为"对话框,在"查询名称"文本框中输入"追加张姓查询",保存该查询。

（9）单击"查询工具"→"设计"选项卡→"结果"选项组→"运行"按钮,运行该查询。出现追加提示对话框,单击"是"按钮进行记录追加。

（10）在"导航窗格"中打开"未还书读者"表,查看数据。

4.6 SQL 查询

在 Access 2016 中，所有通过设计网格设计出的查询，系统在后台都自动生成了相应的 SQL 查询语句。但不是所有的 SQL 查询语句都可以在设计网格中显示出来，一些"SQL 特定查询"，如联合查询、传递查询、数据定义查询和子查询等，通过设计网格是无法显示的。SQL 查询的设计丰富了查询的手段和功能，使得查询变得更加灵活实用。

4.6.1 SQL 语法

SQL 是关系数据库的标准语言。在 20 世纪 70 年代，它随着关系数据库系统一并发展起来。目前，各种关系数据库管理系统均支持 SQL，SQL 已成为数据库领域中的一个主流语言。

SQL 标准于 1986 年 10 月由美国国家标准局（American National Standards Institute，ANSI）公布。1987 年 6 月，国际标准化组织（International Organization for Standardization，ISO）将 SQL 定为国际标准，并推荐它成为标准关系数据库语言。

SQL 是高级的非过程化编程语言。它既不要求用户指定对数据的存放方法，也不需要用户了解具体的数据存放方式，只需掌握 SQL 语法即能完成对数据的管理。

SQL 虽然被称为"结构化查询语言"，但是它的功能并不仅是查询。实际上，SQL 具有四大功能：数据定义、数据操纵、数据查询和数据控制，其功能非常强大，且语法简洁，易学易用。就结构而言，SQL 语法见表 4-1。

表 4-1　SQL 语法

语言种类	操作符	说明
数据查询	SELECT	数据的选取检索
数据定义	CREATE、DROP、ALTER	管理数据库的语法，创建、删除、修改结构
数据操纵	INSERT、UPDATE、DELETE	针对记录的追加、更新、删除

续表

语言种类	操作符	说明
数据控制	GRANT、REVOKE	维护数据库的安全性，授予权限和回收权限

4.6.2 SQL 数据定义

下面介绍 SQL 的数据定义基本语句。

4.6.2.1 CREATE 语句

语句的基本格式为：

CREATE TABLE ＜表名＞ （＜字段名 1＞＜数据类型 1＞[字段级完整性约束条件 1]

[，＜字段名 2＞＜数据类型 2＞[字段级完整性约束条件 2][…]

[，＜字段名 n＞＜数据类型 n＞[字段级完整性约束条件 n]]）

[，＜表级完整性约束条件＞];

在基本语法格式中，

＜＞：根据需要，在应用中要采用实际需要的内容进行代替。

[ ]：根据需要进行选择，也可以不选。

| ：表示多项选项，只能选择其中之一。

{ }：表示必选项。

语句功能：创建一个数据表结构。创建时如果表已经存在，不会覆盖已经存在的同名表，会返回一个错误结果。

语句说明：＜表名＞定义表的名称，＜字段名＞定义表中一个或多个字段的名称，＜数据类型＞是对应字段的数据类型。要求每个字段必须定义字段名和数据类型。[字段级完整性约束条件] 定义相关字段的约束条件，包括主键约束（Primary Key）、数据唯一约束（Unique）、空值约束（Not Null 或 Null）、完整性约束（Check）等。

【例 4.25】创建一个表，将其命名为"读者 1"，表结构由编号、姓名、性别、身份证号、办证日期等字段组成，并设置编号为主键。

```
CREATE TABLE 读者 1
    （编号           CHAR（8）Primary Key,
    姓名           CHAR（10），
    性别           CHAR（1），
    身份证号       CHAR（18），
    办证日期       DATE ）;
```

4.6.2.2 ALTER 语句

创建表后，如果不能满足应用系统的需求，就需要对表的结构进行修改。在 SQL 中，可以使用 ALTER TABLE 语句修改表结构。

语句基本格式为：

```
ALTER TABLE < 表名 >
    [ADD < 新字段名 > < 数据类型 > [ 字段级完整性约束条件 ]]
    [DROP [< 字段名 >]]
    [ALTER < 字段名 > < 数据类型 >];
```

语句功能：修改指定的数据表结构。

语句说明：< 表名 > 需要修改的表的名字。

ADD 子句用于增加新字段和该字段的完整性约束条件。

DROP 子句用于删除指定的字段。

ALTER 子句用于修改原有字段属性。

应注意，ADD 子句、DROP 子句、ALTER 子句不能同时使用。

【例 4.26 】为 "读者 1" 表增加一个年龄字段。

ALTER TABLE 读者 1 ADD 年龄 INT

【例 4.27 】将 "读者 1" 表的 "编号" 字段的宽度由原来的 8 修改为 10。

ALTER TABLE 读者 1 ALTER 编号 CHAR（10）

【例 4.28 】删除 "读者 1" 表中年龄字段。

ALTER TABLE 读者 1 DROP 年龄

4.6.2.3 DROP 语句

如果希望删除某个不需要的表，可以使用 DROP TABLE 语句。

语句格式为：

> DROP TABLE＜表名＞

语句功能：删除不需要的表。

语句说明：＜表名＞为要删除的表的名称。表一旦被删除，表中数据以及在此表上建立的索引等都将自动被删除，并且无法恢复。因此，执行删除表的操作一定要格外小心。这里我们先建立"读者 1"表的副本，并将其命名为"读者 2"

【例 4.29】删除"读者 2"表。

> DROP TABLE 读者 2

4.6.3 SQL 数据操作

4.6.3.1 INSERT 语句

实现数据的插入功能，可以将一条新记录插入指定的表中。

语句基本格式为：

> INSERT INTO＜表名＞[（＜字段名 1＞[,＜字段名 2＞…]）]
>
> VALUES（＜常量 1＞[,＜常量 2＞]…）;

语句功能：在指定的数据表的尾部增加一条新记录。

语句说明：＜表名＞是要插入数据的表的名称。

VALUES（＜常量 1＞[,＜常量 2＞]…）为数据表要插入新值的各字段的数据值。

若要省略[（＜字段名 1＞[,＜字段名 2＞…]）]字段名清单，则数据表的所有字段在 VALUES 子句中都有相应的值。

【例 4.30】在"读者 1"表尾部添加一条新记录。

> INSERT INTO 读者 1
>
> VALUES（"A2022101"," 李四 "," 男 ","130600198708164539",#2022–7–1#）;

【例 4.31】在"读者 1"表尾部添加第二条记录。

INSERT INTO 读者 1（编号，姓名，性别）

VALUES（"A2022102"," 王五 "," 女 "）；

4.6.3.2 UPDATE 语句

实现数据的更新功能，能够对指定表的所有记录或满足条件的记录进行更新操作。

语句的格式为：

UPDATE < 表名 >

SET < 字段 1> = < 表达式 1> [,< 字段 2>=< 表达式 2>]…

[WHERE < 条件 >]；

语句功能：根据 WHERE 子句指定的条件，对指定记录的字段值进行更新。

语句说明：< 表名 > 为要更新数据的表的名称。< 字段 1> = < 表达式 1> 是指用来替代的值，一次可更新多个字段的值。若省略 WHERE 子句，则更新全部记录。一次只能在单一的表中更新数据。

【例 4.32】修改"读者 1"表，把姓名为"李四"的同学的性别修改为"女"。

UPDATE 读者 1

SET 性别 =" 女 "

WHERE 姓名 =" 李四 "；

4.6.3.3 DELETE 语句

实现数据的删除功能，能够对指定表的所有记录或满足条件的记录进行删除操作。

语句的格式为：

DELETE FROM < 表名 >

[WHERE < 条件 >]；

语句功能：根据 WHERE 子句指定的条件，删除表中指定的记录。

语句说明：< 表名 > 为要删除数据的表的名称。若省略 WHERE 子句，则删除表中的全部记录。DELETE 语句删除的是表中的数据，而不是表的结构。

【例 4.33】删除"读者 1"表中编号为"A2022102"的读者记录。

DELETE FROM 读者 1

WHERE 编号 ="A2022102";

4.6.4 SQL 数据查询

SELECT 语句是 SQL 的核心语句，该语句功能强大，能实现数据的查询、统计功能。

SELECT 语句的一般格式为：

　　SELECT [ALL|DISTINCT] * | < 字段列表 >

　　FROM < 表名 1>[,< 表名 2>]…

　　[WHERE < 条件表达式 >]

　　[GROUP BY < 字段名 >[HAVING < 条件表达式 >]]

　　[ORDER BY < 字段名 >[ASC | DESC]]

语句功能：从 FROM 子句列出的表或查询中选择满足 WHERE 子句中给出的条件的记录，然后按照 GROUP BY 子句中指定字段的值分组，再提取满足 HAVING 子句中过滤条件的那些组，按 SELECT 子句给出的字段名或字段表达式求值输出。ORDER BY 子句是对查询的结果进行重新排序。

语句说明：

ALL：查询结果中包含数据源中的所有记录。默认为 ALL。

DISTINCT：查询的结果中不包含数据源中重复行的记录。

< 字段列表 >：指定查询结果输出的字段，如果要包含数据源中的所有字段，可以使用通配符 "*"。

FROM < 表名 1>：指出查询的数据来自哪个或哪些表。

WHERE < 条件表达式 >：说明查询条件，即选择记录的条件。

GROUP BY < 字段名 >：对检索结果以某个字段分组。

ORDER BY < 字段名 >[ASC | DESC]：是以某个字段排序，ASC 表示升序（默认），DESC 表示降序。默认为 ASC。

【例 4.34】检索全部读者的信息。

SELECT * FROM 读者

说明：将"读者"表中所有记录的所有字段显示出来。

【例 4.35】检索并显示"读者"表中的"编号""姓名""性别"字段。

SELECT 编号 , 姓名 , 性别 FROM 读者

说明：检索表中所有记录指定的字段

【例 4.36】检索所有借书的读者编号。

SELECT DISTINCT 读者编号 FROM 图书借阅

说明：检索结果去掉了重复行。

【例 4.37】查找并显示"读者"表中姓"张"的同学的"编号""姓名""性别"字段。

SELECT 编号 , 姓名 , 性别

FROM 读者

WHERE 姓名 like " 张 *"

说明：检索满足指定条件的记录值。

【例 4.38】统计并显示"读者"表中各类读者的人数，显示字段为"读者类别"和"总人数"。

SELECT 读者类别 , COUNT（编号）AS 总人数

FROM 读者

GROUP BY 读者类别

说明：进行分组统计，并增加新字段，AS 的作用是为字段起个别名。

【例 4.39】计算每类图书的库存总册数，并按库存总册数降序排序，结果显示"图书类别"和"总册数"。

SELECT 图书类别 , SUM（库存总量）AS 总册数 FROM 图书 GROUP BY 图书类别 ORDER BY SUM（库存总量）DESC

说明：分组统计并对检索结果进行排序。

【例 4.40】检索每类图书库存总册数大于等于 70 的图书，并按总册数降序排序，显示的字段为"图书类别"和"总册数"。

SELECT 图书类别，SUM（库存总量）AS 总册数 FROM 图书 GROUP BY
图书类别 HAVING SUM（库存总量）>=70 ORDER BY SUM（库存总量）DESC

说明：分组统计并提取满足 HAVING 子句中过滤条件的那些组。

【例 4.41】查找读者的借书记录，并显示"编号""姓名""图书名称""借阅日期"。

SELECT 读者 . 编号，读者 . 姓名，图书 . 图书名称，图书借阅 . 借阅日期

FROM 读者，图书，图书借阅

WHERE 图书 . 图书编号 = 图书借阅 . 图书编号 AND 读者 . 编号 = 图书借阅 . 读者编号

说明：在涉及的多个表查询中，应在所用字段的字段名前加上表名，并且用"."分开。

4.6.5 SQL 特定查询

在 Access 2016 中，将通过 SQL 语句才能实现的查询称为 SQL 特定查询。SQL 特定查询分为联合查询、传递查询、数据定义查询和子查询。

4.6.5.1 数据定义查询

SQL 的数据定义语言由 CREATE、DROP 和 ALTER 命令组成，利用这 3 个命令可以完成创建、删除和修改表。其中，CREATE TABLE 为创建表，DROP TABLE 为删除表，ALTER TABLE 为修改表结构。

4.6.5.2 子查询

子查询是指在设计的一个查询中可以在查询的字段行或条件行的单元格中创建一条 SQL SELECT 语句。若 SELECT 子查询语句放在字段行单元格中，则可创建一个新的字段；若 SELECT 子查询语句放在条件行单元格中，则可作为限制记录的条件。

4.6.5.3 联合查询

联合查询是将两个或多个表或查询中的字段合并到查询结果的一个字段中。使用联合查询可以合并两个表中的数据。对查询的两个要求：一是查询结果的字段名类型相同，二是字段排列的顺序一致。

4.6.5.4 传递查询

传递查询是指使用服务器能接受的命令直接将命令发送到 ODBC 数据库（SQL Server、Oracle 等）。使用传递查询，可以不必链接到服务器上的表而直接使用它们。

【例 4.42】子查询示例：创建一个查询，查找库存总量高于所有图书平均库存量的图书信息，并显示"图书编号""图书名称""作者""库存总量" 4 个字段内容，将所建查询命名为"高于平均库存量查询"。

操作步骤如下：

（1）启动 Access 2016 应用程序，打开"图书借阅管理"数据库。

（2）单击"创建"选项卡→"查询"选项组→"查询设计"按钮，弹出"显示表"对话框。

（3）在"表"选项卡下选择"图书"表，然后单击"添加"按钮，添加该表到"设计视图"。

（4）单击"关闭"按钮，关闭"显示表"对话框。出现查询的"设计视图"。

（5）在"字段"行第一列的下拉列表中选择"图书.图书编号"字段；在"字段"行第二列的下拉列表中选择"图书.图书名称"字段；在"字段"行第三列的下拉列表中选择"图书.作者"字段；在"字段"行第四列的下拉列表中选择"图书.库存总量"字段，并在此字段"条件"行上输入">（select avg（库存总量）from [图书]）"，如图 4-53。

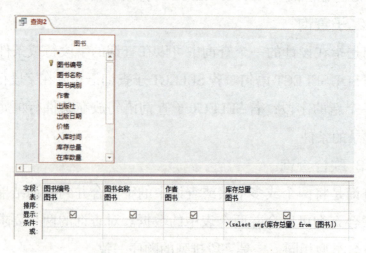

图 4-53 "高于平均库存量查询"的"设计视图"

（6）单击快速访问工具栏的"保存"按钮，弹出"另存为"对话框，在"查询名称"文本框中输入"高于平均库存量查询"，保存该查询。

（7）单击"查询工具"→"设计"选项卡→"结果"选项组→"运行"按钮，运行该查询，并查看结果。

【例 4.43】联合查询示例：创建一个查询，查找出版社为"中国铁道出版社"或者库存量大于等于 20 的图书编号、图书名称、出版社和库存总量。将所建查询命名为"联合查询"。

操作步骤如下：

（1）启动 Access 2016 应用程序，打开"图书借阅管理"数据库。

（2）单击"创建"选项卡→"查询"选项组→"查询设计"按钮，弹出"显示表"对话框。

（3）单击"关闭"按钮，关闭"显示表"对话框。出现查询的"设计视图"。

（4）在查询设计视图中点击鼠标右键，然后在弹出的快捷菜单中选择"SQL 特定查询→联合"命令，如图 4-54 所示。

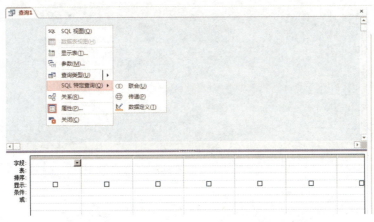

图 4-54　"SQL 特定查询"的"联合"命令

（5）在出现的空白的 SQL 视图中输入该查询的 SQL 语句，如图 4-55 所示。

（6）单击快速访问工具栏的"保存"按钮，弹出"另存为"对话框，在"查询名称"文本框中输入"联合查询"，保存该查询。

（7）单击"查询工具"→"设计"选项卡→"结果"选项组→"运行"按钮，运行该查询并查看联合查询的结果，如图 4-56 所示。

```
SELECT 图书编号,图书名称,出版社,库存总量 FROM 图书 WHERE 出版社="中国铁道出版社" UNION
SELECT 图书编号,图书名称,出版社,库存总量 FROM 图书 WHERE 库存总量>=20;
```

图 4-55 "联合查询"的 SQL 语句

图书编号	图书名称	出版社	库存总量
C0101	计算机网络	科学出版社	20
C0103	程序设计基础	中国铁道出版社	20
C0105	大学语文	中国铁道出版社	25
C0106	数字电子技术	电子工业出版社	20
C0108	电气控制与PLC	中国铁道出版社	15
C0109	道德经	人民邮电出版社	20
C0110	数据结构基础	电子工业出版社	20
C0111	英语口语	中国铁道出版社	25
C0112	公文写作	中国铁道出版社	15
C0115	尔雅	中国铁道出版社	15

图 4-56 "联合查询"的结果

习 题

1. 选择题

（1）Access 支持的查询类型有（　　）。

　　A. 选择查询、交叉表查询、参数查询、SQL 查询和操作查询

　　B. 基本查询、选择查询、参数查询、SQL 查询和操作查询

　　C. 多表查询、单表查询、交叉表查询、参数查询和操作查询

　　D. 选择查询、统计查询、参数查询、SQL 查询和操作查询

（2）下面关于查询的说法中，错误的是（　　）。

　　A. 根据查询准则，从一个或多个表中获取数据并显示结果

　　B. 可以对记录进行分组统计

　　C. 可以对查询记录进行总计、计数和平均值等计算

　　D. 查询的结果是一组数据的"静态集"

（3）Access 中查询的数据源可以来自（　　）。

　　A. 表　　　　　　　　　　　　　B. 查询

　　C. 窗体　　　　　　　　　　　　D. 表或查询

（4）查询"读者"表中"单位地址"不为空值的记录条件是（　　）。

　　A. *　　　　　　　　　　　　　　B. Is Not Null

　　C. " "　　　　　　　　　　　　　D. Like " "

（5）在查询设计视图中，通过设置（　　）行，可以让某个字段只用于设定条件，而不必出现在查询结果中。

　　A. 字段　　　　　　　　　　　　B. 条件

　　C. 显示　　　　　　　　　　　　D. 排序

（6）Access 中查询的类型有很多种，其中最常用的查询是（　　）。

　　A. 选择查询　　　　　　　　　　B. 操作查询

　　C. 参数查询　　　　　　　　　　D. SQL 查询

（7）使用向导创建交叉表查询的数据源是（　　）。

　　A. 数据库文件　　　　　　　　　B. 表

C. 查询　　　　　　　　　　　D. 表或查询

（8）每个查询都有 3 种视图，其中用来显示查询结果的视图是（　　）。

A. 设计视图　　　　　　　　　B. SQL 视图

C. 数据表视图　　　　　　　　D. 窗体视图

（9）要对一个或多个表中的一组记录进行全局性的更改，可以使用（　　）。

A. 更新查询　　　　　　　　　B. 追加查询

C. 删除查询　　　　　　　　　D. 生成表查询

（10）若要统计读者表中 2021 年办证的读者人数，应在查询设计视图中，将"编号"字段"总计"单元格设置为（　　）。

A. Sum　　　　　　　　　　　B. Where

C. Count　　　　　　　　　　D. Average

（11）对于参数查询，"输入参数值"对话框的提示文本设置在设计视图的"设计网格"的（　　）。

A."条件"行　　　　　　　　B."显示"行

C."排序"行　　　　　　　　D."字段"行

（12）如果用户希望根据某个或某些字段不同的值来查找记录，则应该使用的查询是（　　）。

A. 选择查询　　　　　　　　　B. 操作查询

C. 参数查询　　　　　　　　　D. 交叉表查询

（13）如果想查找并显示"姓名"字段中姓"李"的所有记录，应在"条件"行输入（　　）。

A. 李　　　　　　　　　　　　B. Like 李

C. Like "* 李 *"　　　　　　　D. Like " 李 *"

（14）从数据库中删除表所用的 SQL 语句是（　　）。

A. DEL TABLE　　　　　　　　B. DROP TABLE

C. SELECT TABLE　　　　　　D. DROP

（15）关于查询的设计视图，下面说法中不正确的是（　　）。

A. 可以进行数据记录的添加　　B. 可以进行查询字段是否显示的设定

C. 可以进行查询条件的设定　　D. 可以进行查询表的设定

（16）SQL 的含义是（   ）。

    A．数据查询语言   B．数据操纵语言

    C．数据控制语言   D．结构化查询语言

（17）排序时如果选取了多个字段，则输出结果是（   ）。

    A．从最右边的列开始排序   B．按设定的优先顺序排序

    C．不能进行多字段排序   D．按从左到右的次序依次排序

（18）查找某个字段中以字母 A 开头且以字母 G 结尾的所有记录，则应设置条件表达式为（   ）。

    A．Like "A$G"   B．Like "A?G"

    C．Like "A$G"   D．Like "A*Z"

（19）在"读者"表中建立查询，"单位地址"字段查询条件设置为 "Is Null"，运行该查询后，显示的记录是（   ）。

    A．"单位地址"字段包含空格的记录

    B．"单位地址"字段为空的记录

    C．"单位地址"字段不包含空格的记录

    D．"单位地址"字段不为空的记录

（20）在"图书"表中要查找库存总量 ≥ 80 且库存总量 ≤ 90 的图书，正确的条件表达式是（   ）。

    A．库存总量 Between 80 To 90   B．库存总量 Between 79 To 91

    C．库存总量 Between 80 And 90   D．库存总量 Between 79 And 91

（21）在读者表中，若要查找"编号"是"C101"和"C102"的记录，应在查询"设计视图"的"条件"行中输入（   ）。

    A．In（"C101"And"C102"）   B．Not In（"C101","C102"）

    C．"C101"And"C102"   D．In（"C101","C102"）

（22）在查询准则中，如果日期型数据应该使用分隔符括起来，正确的分隔符是（   ）。

    A．,   B．;

    C．#   D．$

（23）在图书表中，若要查找"图书编号"是"T101"和"T102"的记录，应

在查询"设计视图"的"条件"行中输入（　　）。

A．"T101" And "T102" 　　　　B．Not In（"T101" And "T102"）

C．"T101" Or "T102" 　　　　D．In（"T101" And "T102"）

（24）创建参数查询时，"设计视图"的"条件"行中应该将参数文本放在（　　）中。

A．[ ] 　　　　B．( )

C．{ } 　　　　D．< >

（25）下图所示的查询将返回（　　）。

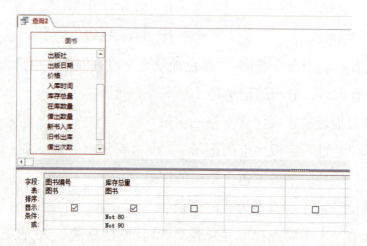

A．不含 80 和 90 的记录 　　　　B．不包含 80 至 90 的记录

C．包含 80 至 90 的记录 　　　　D．所有记录

（26）创建交叉表查询时，在"交叉表"行上有且只能有一个的是（　　）。

A．行标题 　　　　B．行标题和列标题

C．列标题和值 　　　　D．行标题、列标题和值

（27）将表 A 中的记录复制到表 B 中，且不删除表 B 中的原有记录，可以使用（　　）查询。

A．删除查询 　　　　B．参数查询

C．追加查询 　　　　D．更新查询

（28）在数据库中创建表所用的 SQL 语句是（　　）。

A．DEL TABLE 　　　　B．DROP TABLE

C．CREATE TABLE 　　　　D．ALTER TABLE

（29）在 SQL 的 SELECT 语句中，用于分组的子句是（　　）。

    A．ORDER BY   B．GROUP BY

    C．HAVING   D．WHERE

（30）在 SQL 的 SELECT 语句中，ORDER BY 的含义是（　　）。

    A．对查询进行分组   B．选择字段

    C．对查询进行排序   D．对查询指定条件

（31）用 SQL 语句将"图书"表中"库存总量"字段的值加 10，可以使用的语句是（　　）。

    A．REPLACE 图书 库存总量 = 库存总量 +10

    B．REPLACE 图书 库存总量 WITH 库存总量 +10

    C．ALTER 图书 SET 库存总量 = 库存总量 +10

    D．UPDATE 图书 SET 库存总量 = 库存总量 +10

（32）下图所示的查询将返回（　　）。

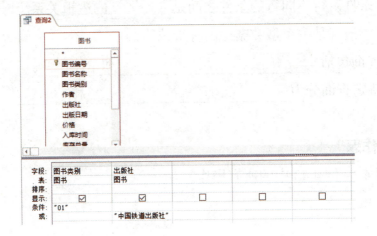

    A．图书类别为"01"且出版社为中国铁道出版社的记录

    B．图书类别为"01"以及出版社为中国铁道出版社的记录

    C．图书类别为"01"的所有记录

    D．出版社为中国铁道出版社的记录

2．填空题

（1）如果要将某表中若干记录删除，应该创建_____查询。

（2）参数查询是一种利用_____来提示用户输入条件的查询。

（3）在 SQL 的 SELECT 语句中用_____语句对查询的结果进行排序。

（4）要查询的条件之间具有多个字段的"与"和"或"关系，则在输入准则时，各条件间"与"的关系要输入在_____，而各条件间"或"的关系要输入在_____。

（5）函数 Right（"计算机等级考试",4）的执行结果是_____。

（6）Access 2016 的五种查询分别是_____、_____、_____、_____和_____。

（7）查询"图书"表中图书类别为 01 或 02 的记录的条件为_____。

（8）在"图书"表的查询中，若设置显示的排序字段是"图书类别"和"出版社"，则查询的结果先按_____排序，_____相同时再按_____排序。

（9）在查询中，写在"条件"行同一行的条件之间是_____的逻辑关系，写在"条件"行不同行的条件之间是_____的逻辑关系。

（10）_____语言是关系型数据库的标准语言。

（11）操作查询包括_____、_____、_____和_____。

（12）SQL 特定查询分为_____、_____、_____和_____。

3. 操作题

依次完成例 4.1~ 例 4.43 中的所有操作。

窗　体

　　窗体是重要的交互界面，是 Access 2016 数据库的对象之一，是联系用户与数据库的桥梁。可以将这种窗体视作一个窗口，用户通过该窗口查看和访问数据库。多样化的窗体主要用于显示、输入和编辑数据源中的数据；显示相关提示信息；根据需求控制应用软件的流程；提升用户使用数据库的速度。本章主要介绍窗体的功能、结构及窗体视图，以及创建窗体的方法、控件的使用、修饰窗体、创建导航窗体和设置启动窗体等。

5.1　窗体概述

　　窗体是 Access 2016 数据库中的一个非常重要的对象，同时也是最复杂和灵活的对象。窗体本身并不存储数据，但是通过窗体，用户可以方便地输入数据、修改数据和查看数据。它是人机交互的窗口，好的窗体结构能使用户方便地进行数据库操作。此外，利用窗体还可以将整个应用程序组织起来，控制程序流程，形成一个完整的应用系统。

5.1.1　窗体的作用

　　为了给用户提供一种能操作数据库的交互界面，Access 2016 提供了窗体对象。用户通过窗体实现对数据的各种操作，因而窗体在数据库中发挥着重要作用，主要体现在如下几个方面。

　　（1）输入与编辑数据。用户可以根据实际需要，设计合适的窗体作为数据输入和编辑的窗口。使用窗体时可以只输入必需的数据项，省略系统可以自动生成的数据项，节省数据录入时间，提高数据录入准确度。窗体数据的输入功能正是它与报表的主要区别，报表主要用来显示数据而不能修改数据。

　　（2）显示和打印数据。窗体除了可以输入数据，还可以通过文本、数字、图片、图表、形状等形式来显示数据，并且显示的数据可以来自一个或多个数据表。

　　（3）控制应用程序流程。窗体可以与函数、子程序相结合，可以将数据库中对数据进行的各种操作使用模块与 VBA 写成代码，通过按钮控件来调用它们，实现控制应用程序流程。这样可以简化用户的操作，提高用户使用数据库的效率。

5.1.2　窗体的组成

　　窗体的组成包括 5 节，信息可以分布在多个节中。打开窗体"设计视图"，默认情况下只有主体节。所有窗体都有主体节，此外还有窗体页眉、页面页眉、页面页脚和窗体页脚节，每个节都有特定的用途。在"设计视图"中，可以根据实际需求添加窗体节，但是窗体包含的每个节都出现一次，如图 5-1 所示。

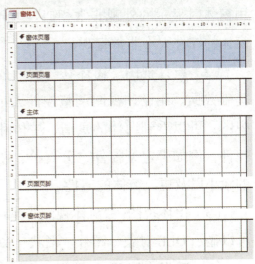

图 5-1　窗体结构

窗体节通过放置控件来确定每个节中信息的显示位置，窗体结构中各节功能如下。

（1）窗体页眉。窗体页眉主要用来显示每条记录中相同的信息，例如窗体的标题。窗体页眉显示在"窗体视图"屏幕的顶部，在打印时显示在首页的顶部。

（2）页面页眉。页面页眉显示在每个打印页的顶部，只有打印时才出现，在"窗体视图"中不会出现。

（3）主体。主体节用来显示记录，可以在屏幕或每页上显示一条记录，也可以显示多条记录。

（4）页面页脚。页面页脚显示在每个打印页的底部，显示页码、日期等信息。页面页脚跟页面页眉一样，只有打印时才出现，在"窗体视图"中不会出现。

（5）窗体页脚。窗体页脚跟窗体页眉一样，也是显示每条记录中相同的信息，区别是窗体页脚主要用来显示命令按钮或有关窗体的指导。窗体页脚显示在"窗体视图"屏幕的底部，在打印时显示在最后一个打印页的最后一个明细节之后。

5.1.3　窗体的视图

窗体有 4 种视图，"布局视图""设计视图""窗体视图""数据表视图"。

（1）布局视图。"布局视图"中，窗体处于运行中状态，看到的数据与使用窗体时显示的外观非常相似。因此，使用"布局视图"来修改窗体，调整窗体的控件大小非常直观。

（2）设计视图。窗体在"设计视图"中显示时并没有运行，因此看不到基础数据。用设计视图调整控件大小没有"布局视图"方便，但是在"设计视图"可以看到窗体的页眉、主体和页脚部分，可以向窗体中添加更丰富的控件，例如绑定型控件、分页符、图表、文本框控件等，还可以调整窗体节的大小以及更改窗体的属性。

（3）窗体视图。"窗体视图"是可以同时输入、修改和查看数据的窗口，可以显示 OLE 对象、图片、形状、命令按钮等。

（4）数据表视图。"数据表视图"类似于 Excel 电子表格，它以行列格式一次性显示数据表中的多条记录，也可以实现数据的添加和修改。

5.2　创建窗体

　　Access 2016 提供了多种创建窗体的方法，用户可以根据自己的需求快速创建窗体或者自行设计窗体的版面。用户单击"创建"选项卡"窗体"选项组中的功能按钮，能看到"窗体"、"窗体设计"和"空白窗体" 3 个主要按钮和"窗体向导"、"导航"和"其他窗体" 3 个辅助按钮，如图 5-2 所示。

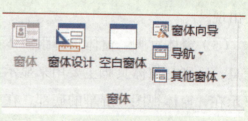

图 5-2　创建窗体的方法

5.2.1　自动创建窗体

5.2.1.1　使用"窗体"工具创建窗体

使用"窗体"按钮创建窗体，其数据源来自某个表或某个查询，用这种方法创建的窗体是一种单记录布局的窗体，每次显示一条记录的信息。数据源中的所有字段都会添加到窗体中，窗体对各个字段进行排列和显示，左边是字段名，右边是字段的值。

【例 5.1】以"图书借阅"表为数据源，使用"窗体"工具创建窗体，所建窗体命名为"图书借阅信息管理"。

操作步骤如下：

（1）在"导航窗格"中，单击要包含在窗体上的数据表"图书借阅"。

（2）单击"创建"选项卡→"窗体"选项组→"窗体"按钮，此时屏幕上立即显示新建的窗体，如图 5-3 所示。

（3）单击快速访问工具栏的"保存"按钮，弹出"另存为"对话框，在"窗体名称"文本框中输入窗体的名称"图书借阅信息管理"，单击"确定"按钮，保存该窗体。

图 5-3 "图书借阅信息管理"窗体

5.2.1.2 使用"多个项目"工具创建多条记录的窗体

使用"窗体"工具创建窗体，每次显示一条记录的信息，如果需要显示多条记录，可以使用"多个项目"工具。

【例 5.2】以"读者"表为数据源，使用"多个项目"工具创建窗体，所建窗体命名为"读者"。

操作步骤如下：

（1）在"导航窗格"中，单击要包含在窗体上的数据表"读者"。

（2）单击"创建"选项卡→"窗体"选项组→"其他窗体"→"多个项目"按钮，此时屏幕上立即显示新建的窗体，如图 5-4 所示。

（3）单击快速访问工具栏的"保存"按钮，弹出"另存为"对话框，在"窗体名称"文本框中输入窗体的名称"读者"，单击"确定"按钮，保存该窗体。

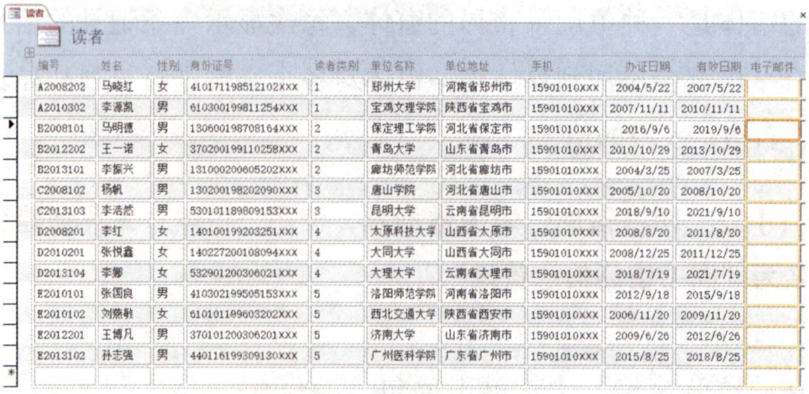

读者

编号	姓名	性别	身份证号	读者类别	单位名称	单位地址	手机	办证日期	有效日期	电子邮件
A2008202	马晓红	女	410171198512102XXX	1	郑州大学	河南省郑州市	15901010XXX	2004/5/22	2007/5/22	
A2010302	李源凯	男	610300199811254XXX	1	宝鸡文理学院	陕西省宝鸡市	15901010XXX	2007/11/11	2010/11/11	
B2008101	马明德	男	130600198708164XXX	2	保定理工学院	河北省保定市	15901010XXX	2016/9/6	2019/9/6	
B2012202	王一诺	女	370200199110258XXX	2	青岛大学	山东省青岛市	15901010XXX	2010/10/29	2013/10/29	
B2013101	李振兴	男	131000200605202XXX	2	廊坊师范学院	河北省廊坊市	15901010XXX	2004/3/25	2007/3/25	
C2008102	杨帆	男	130200198202090XXX	3	唐山学院	河北省唐山市	15901010XXX	2005/10/20	2008/10/20	
C2013103	李浩然	男	530101189809153XXX	3	昆明大学	云南省昆明市	15901010XXX	2018/9/10	2021/9/10	
D2008201	李红	女	140100199203251XXX	4	太原科技大学	山西省太原市	15901010XXX	2008/8/20	2011/8/20	
D2010201	张悦鑫	女	140227200108094XXX	4	大同大学	山西省大同市	15901010XXX	2008/12/25	2011/12/25	
D2013104	李娜	女	532901200306021XXX	4	大理大学	云南省大理市	15901010XXX	2018/7/19	2021/7/19	
E2010101	张国良	男	410302199505153XXX	5	洛阳师范学院	河南省洛阳市	15901010XXX	2012/9/18	2015/9/18	
E2010102	刘燕敏	女	610101199603202XXX	5	西北交通大学	陕西省西安市	15901010XXX	2006/11/20	2009/11/20	
E2012201	王博凡	男	370101200306201XXX	5	济南大学	山东省济南市	15901010XXX	2009/6/26	2012/6/26	
E2013102	孙志强	男	440116199309130XXX	5	广州医科学院	广东省广州市	15901010XXX	2015/8/25	2018/8/25	

图 5-4 “读者”窗体

5.2.1.3 使用“分割窗体”工具创建分割窗体

分割窗体可以同时提供两种数据视图：“窗体视图”和“数据表视图”。分割窗体不同于窗体 / 子窗体的组合，它的两个视图连接到同一数据源，并且总是相互保持同步。如果在窗体的一个部分中选择了一个字段，则会在窗体的另一部分中选择相同的字段。我们可以从窗体任意部分添加、编辑或删除数据（只要记录源可更新）。

使用分割窗体可以在一个窗体中同时利用两种窗体类型。例如，可以使用窗体的数据表部分快速定位记录，然后使用窗体部分查看或编辑记录。

【例 5.3】以“图书”表为数据源，使用“分割窗体”工具创建分割窗体，所建窗体命名为“图书分割窗体”。

操作步骤如下：

（1）在“导航窗格”中，单击要包含在窗体上的数据表“图书”。

（2）单击“创建”选项卡 →“窗体”选项组→“其他窗体”→“分割窗体”按钮，此时屏幕上立即以“布局视图”显示新建的窗体，如图 5-5 所示。

（3）单击快速访问工具栏的“保存”按钮，弹出“另存为”对话框，在“窗体名称”文本框中输入窗体的名称“图书分割窗体”，单击“确定”按钮，保存该窗体。

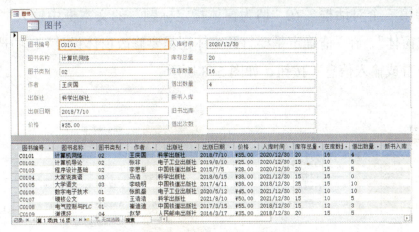

图 5-5 "图书分割窗体"

5.2.2 使用"窗体向导"创建窗体

使用"窗体向导"工具创建窗体，可以更好地选择哪些字段显示在窗体上，也可以指定数据的组合和排列方式。其数据可以来自于一个表或查询，如果指定了表和查询之间的关系，也可以来自于多个表或查询。

【例 5.4】以"图书类别"表为数据源，使用"窗体向导"工具创建窗体，窗体布局为"表格"，所建窗体命名为"图书类别表格式窗体"。

操作步骤如下：

（1）单击"创建"选项卡 →"窗体"选项组→"窗体向导"按钮，弹出如图 5-6 所示的对话框。单击"表 / 查询"下拉列表中选择用于窗体的"表：图书类别"，此时下方左侧"可用字段"列表框中列出了所有可用字段。

（2）单击 >> 按钮添加所有字段到"选定字段"列表框中。单击"下一步"按钮，弹出窗体向导第二个对话框。在该对话框中选择"表格"单选按钮，在对话框左侧可以看到所建窗体的布局，如图 5-7 所示。

（3）单击"下一步"按钮，弹出

图 5-6 "窗体向导"对话框 1

窗体向导第三个对话框。在"请为窗体指定标题"的文本框中输入"图书类别表格式窗体",在"请确定是要打开窗体还是要修改窗体设计"栏中选中"打开窗体查看或输入信息"按钮,如图 5-8 所示。

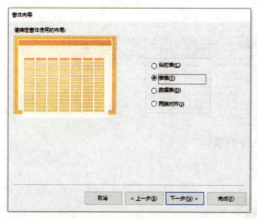 

图 5-7 "窗体向导"对话框 2　　　　图 5-8 "窗体向导"对话框 3

（4）单击"完成"按钮,窗体效果如图 5-9 所示。

图书类别编号	图书类别	限借天数	超期罚款
01	电子信息类	20	¥0.50
02	计算机类	20	¥0.50
03	语言类	30	¥0.30
04	哲学类	40	¥0.20

图 5-9 "图书类别表格式" 窗体

使用"窗体向导"工具也可以创建基于多个数据源的主 / 子窗体。在创建主 / 子窗体之前,要确定主窗体的数据源与子窗体的数据源之间存在一对多的关系。

【例 5.5】以"读者"表和"图书借阅"表为数据源,使用"窗体向导"工具创建主 / 子窗体,用于浏览和编辑还书信息,所建窗体命名为"还书查询窗体和还书子窗体"。

操作步骤如下:

（1）单击"创建"选项卡 →"窗体"选项组→"窗体向导"按钮,弹出

如图 5-10 所示的对话框。单击"表 /
查询",下拉列表选择用于窗体的"表：
读者"，此时下方左侧"可用字段"列
表框中列出了所有可用字段。

（2）分别双击"可用字段"列表
框中"编号""姓名"字段，将它们添
加到"选定字段"列表框中。按照相
同的方法，添加"图书借阅"表中的
"图书编号""还书日期""借阅编
号""借阅日期"字段；添加"图书"
表中的"图书名称"字段，如图 5-11
所示。

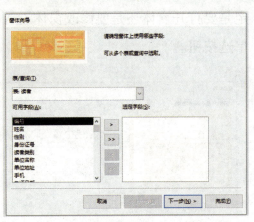

图 5-10 "窗体向导"对话框 1

（3）单击"下一步"按钮，弹出如
图 5-12 所示的"窗体向导对话框"。
在该对话框中，系统已默认选"读者"
表为主表，图书借阅表和图书表中的记
录为子窗体的值。在该对话框下方有
两个按钮，如果选择"带有子窗体的窗
体"单选按钮，则子窗体固定在主窗体
中；如果选择"链接窗体"单选按钮，
则将子窗体设置成弹出式窗体，这里
选择"带有子窗体的窗体"单选按钮。

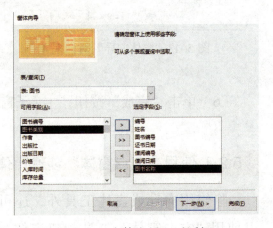

图 5-11 "窗体向导"对话框 2

（4）单击"下一步"按钮，弹出
如图 5-13 所示的窗体向导对话框，列
出了窗体的不同布局，系统默认窗体
布局为"数据表"。

（5）单击"下一步"按钮，弹出
如图 5-14 所示的窗体向导对话框，设

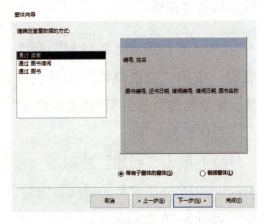

图 5-12 "窗体向导"对话框 3

定窗体和子窗体的标题分别是"还书查询窗体"和"还书子窗体"。在"请确

定是要打开窗体还是要修改窗体设计"栏中选中"打开窗体查看或输入信息"单选按钮。

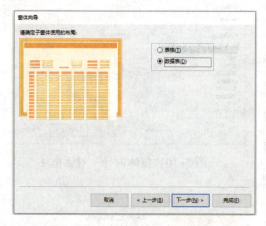

图 5-13 "窗体向导"对话框 4

图 5-14 "窗体向导"对话框 5

（6）单击"完成"按钮，主/子窗体效果如图 5-15 所示。

5.2.3 使用"空白窗体"创建窗体

除使用向导或窗体工具外，还可以使用"空白窗体"工具创建窗体。尤其是在窗体上放置较少的控件时，该方法非常便捷。

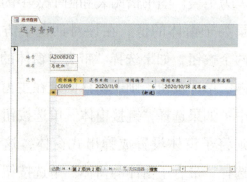

图 5-15 "还书查询和还书子窗体"效果图

【例 5.6】以"读者类别"表为数据源，使用"空白窗体"工具创建窗体，所建窗体命名为"读者类别窗体"。

操作步骤如下：

（1）单击"创建"选项卡 →"窗体"选项组→"空白窗体"按钮，Access 2016 将在"布局视图"中打开一个空白窗体，并显示"字段列表"窗格，如图 5-16 所示。

（2）在"字段列表"窗格中，单击"显示所有表"，再单击要在窗体上显示的字段所在表"读者类别"旁边的加号。

（3）双击"读者类别"表的所有字段，将其添加到窗体上，如图 5–17 所示。

图 5–16　空白窗体

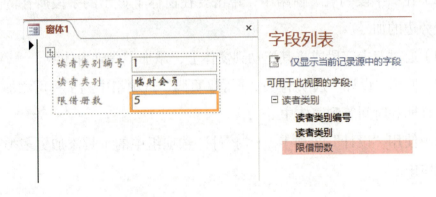

图 5–17　添加字段到"主体"节

（4）单击快速访问工具栏的"保存"按钮，弹出"另存为"对话框，在"窗体名称"文本框中输入窗体的名称"读者类别窗体"，单击"确定"按钮保存该窗体。单击"开始"选项卡→"视图"选项组→"视图"→"窗体视图"按钮，切换到"窗体视图"，效果如图 5–18 所示。

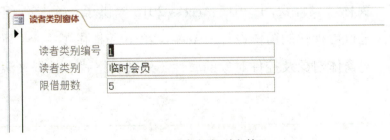

图 5–18　"读者类别窗体"

5.2.4 使用"窗体设计"创建窗体

实际应用中，为了能灵活控制窗体的布局、数据关联等，往往需要在"设计视图"中自行创建窗体或对已有窗体进行修改，使其满足用户需求。设计视图不仅可以创建窗体，也可以调整已有的窗体设计。通过向设计网格添加新的控件和字段将它们添加到窗体上，并通过属性表实现对窗体的自定义。

操作步骤如下：

（1）单击"创建"选项卡 → "窗体"选项组→"窗体设计"按钮，Access 2016 将在"设计视图"中打开一个空白窗体。

（2）单击"窗体设计工具" → "设计"选项卡 → "工具"选项组→"添加现有字段"按钮，显示"字段列表"窗格。

（3）在"字段列表"窗格中，单击要在窗体上显示的字段所在的一个或多个表旁边的加号。

（4）通过双击字段或将其拖动到窗体上，添加字段到窗体中。

（5）使用"设计"选项卡 → "页眉／页脚"选项组中的工具可添加徽标、标题、日期和时间等到窗体中。

（6）使用"设计"选项卡 → "控件"选项组中的工具添加更多类型的控件到窗体中。

5.3 设计窗体

窗体是一个容器对象，可以包含其他对象，窗体中所包含的对象称为控件。窗体"设计视图"中，Access 2016 提供了一个控件组，利用这些控件进行可视化的窗体设计。Access 2016 还提供了一个"属性表"对话框，对窗体对象及控件对象的属性（外观、格式、数据来源等）进行设置。

在"设计视图"中可以对窗体的属性进行设置，打开窗体属性的方法有以下几种。

（1）双击窗体左上角的"窗体选定器"按钮。

（2）单击"窗体选定器"按钮，再单击"工具"选项组→"属性表"按钮。

（3）右击"窗体选定器"按钮，在弹出的快捷菜单中选择"属性"命令。

（4）单击"窗体选定器"按钮，再按【F4】键。

设置窗体属性的操作步骤如下：

（1）在窗体的"设计视图"中，双击窗体左上角的"窗体选定器"按钮，弹出"属性表"窗格，如图 5-19 所示。

（2）在"格式"选项卡、"数据"选项卡、"事件"选项卡、"其他"选项卡和"全部"选项卡中进行相应属性的设置。

"属性表"对话框所显示的属性总是跟当前选定的对象相关。当前若选定窗体，打开窗体的属性表对话框；如果选定窗体中的控件，则打开相关控件的属性表对话框。不同的对象会有不相同的属性。属性表对话框中列出了可以进行设置的各个属性，这些属性通过选项卡进行组织，前四个选项卡分别是"格式""数据""事件""其他"，最后一个选项卡"全部"是将所有的属性组织在一起。

"格式"选项卡用来设置控件的外观或显示格式，其中窗体的格式属性中包括了默认视图、滚动条、记录选择器、浏览按钮、分隔线、控制框、最大化和最小化按钮、边框样式等。控件的格式属性包括标题、字体名称、字体大小、前景颜色、背景颜色、特殊效果等。

"数据"选项卡（如图 5-20 所示）用来设置窗体或控件的数据来源、数据的操作规则等。其中窗体的数据属性包括记录源、排序依据、允许编

图 5-19 "格式"选项卡

辑等，控件属性包括控件来源、输入掩码、有效性规则、有效性文本、默认值、是否锁定等。

"事件"选项卡（如图 5-21 所示）用来设置窗体和控件可以触发的不同事件，使用这些事件可以将窗体和宏、模块等结合起来构成完整的应用程序。

"其他"选项卡（如图 5-22 所示）用来设置一些附加特性，其中窗体的其他属性包括菜单栏、弹出方式、循环等，控件的其他属性包括名称、状态栏文字、自动 Tab 键、控件提示文本等。

图 5-20 "数据"选项卡　　图 5-21 "事件"选项卡　　图 5-22 "其他"选项卡

【例 5.7】修改例 5.6 所建的"读者类别"窗体，具体要求如下：

（1）修改窗体标题为"读者类别详细信息"。

（2）修改窗体边框为"对话框边框"样式，取消窗体水平和垂直滚动条、记录选择器、导航按钮、最大/最小化按钮和分割线。

（3）修改窗体自动弹出，弹出方式为"是"。

操作步骤如下：

（1）打开"读者类别"窗体的"设计视图"，如图 5-23 所示。

（2）双击"窗体选定器"按钮，弹出"读者类别"窗体的"属性表"窗格。

（3）在"格式"选项卡中，设置窗体的标题为"读者类别详细信息"，在"边框样式"属性右侧的下拉列表中选择"对话框边框"样式，在"记录选择器"属性右侧的下拉列表中选择"否"，在"导航按钮"属性右侧的下拉列表中选择"否"，在"滚动条"属性右侧的下拉列表中选择"两者均无"，在"分隔线"属性右侧的下拉列表中选择"否"，在"最大最小化按钮"属性右侧的下拉列表中选择"无"。

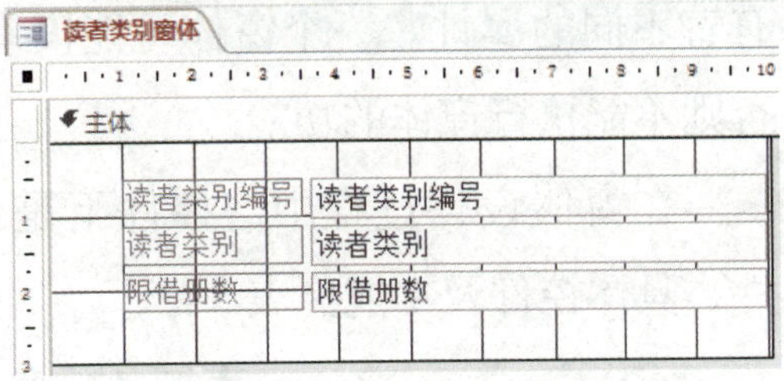

图 5-23 "读者类别"窗体的"设计视图"

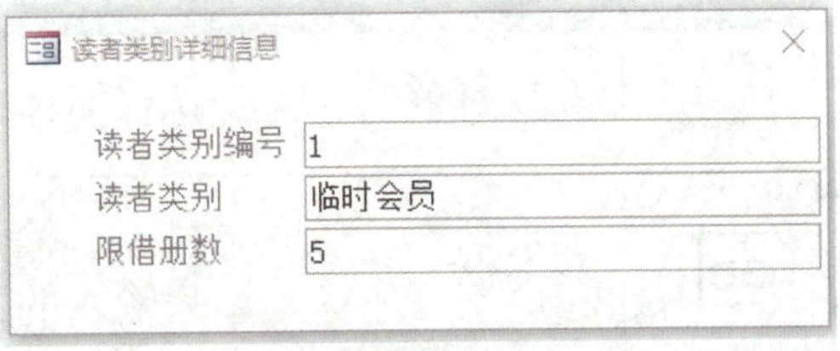

图 5-24 "读者类别"窗体的"窗体视图"

（4）在"其他"选项卡中设置窗体的弹出方式。在"弹出方式"属性右侧的下拉列表中选择"是"。

（5）单击快速访问工具栏的"保存"按钮，保存窗体的修改。切换到"窗体视图"查看效果，效果如图 5-24 所示。

5.3.2 控件的功能

控件是窗体、报表的重要元素，凡是可在窗体、报表上选择的对象都是控件，用于数据显示、操作执行和修饰窗体。控件种类不同，其功能也就不同。控件都可以在"窗体设计工具→设计→控件"选项组中选择，如图 5-25 所示。控件也都有各自的属性，可以在控件属性表中进行设置，不同的控件

图 5-25 "控件"选项组

有着不同的属性。一个窗体可能没有数据来源，但一定有若干数量的控件，否则不能执行窗体的功能。

在窗体设计过程中，控件组是十分重要的。控件组中有很多类型的控件，具体控件及功能见表 5-1。

表 5-1　窗体各控件的功能

按　钮	控件名称	功能
	选择对象	选择窗体、节或控件，单击可释放锁定的按钮
ab|	文本框	显示、输入、编辑数据源的数据，显示计算结果或用户输入的数据
Aa	标签	在窗体或报表中显示标题、说明性的文本
xxxx	命令按钮	通过运行事件过程或宏来执行某些操作，如打开关闭表、查询、窗体、报表等
	选项卡	可以把信息分组显示在不同的选项卡上
	超链接	在窗体中插入超链接控件，可以执行网页、图片、电子邮件或程序的链接
	Web 浏览器	在窗体中插入浏览器控件
	导航	在窗体中插入导航条
XYZ	选项组	可以为用户提供一组选择，一次只能选择一个
	分页符	在创建多页窗体时用来指定分页位置
	组合框	可以显示一个提供选项的列表，也允许输入，包括了列表框和文本框的特性
	图表	在窗体中插入图表对象
\	直线	在窗体上绘制直线，可以是水平线、垂直线或斜线
	切换按钮	作为单独的控件来显示数据源的"是 / 否"值

续表

按 钮	控件名称	功能
	列表框	可以显示一个提供选项的列表，不允许手动输入
	矩形	窗体中绘制一个矩形框，将一组相关控件组织在一起
	复选框	建立多选按钮，可以从多个值中选择一个或多个，或不选
	未绑定对象框	在窗体中插入未绑定对象
	附件	在窗体中插入附件控件
	选项按钮	建立单选按钮，在一组中只能选择一个，选中时按钮内有个小黑点
	子窗体／子报表	显示多个表中的数据，在一个窗体中包含另一个窗体
	绑定对象框	在窗体中显示绑定的 OLE 对象，这些对象与数据源的字段有关
	图像	在窗体中显示静态图像，用来美化窗体
	控件向导	单击该按钮，在使用其他控件时即获得向导
	ActiveX 控件	打开一个 ActiveX 控件，插入 Windows 系统提供的更多控件，如日历等

5.3.3 控件的类型

窗体中的控件有 3 种类型。

（1）绑定型控件。绑定型控件是指将控件与记录源字段绑定在一起的控件。它可以显示记录源中的数据，也可以把修改后的数据更新到相应的数据表中。大多数允许编辑的控件都是绑定型控件，可以和控件绑定的字段类型包括短文本、长文本、数字、日期／时间、货币、是／否、OLE 对象等。

（2）非绑定型控件。非绑定型控件与记录源无关。当给控件输入数据时，窗体可以保留数据，但不会更新到数据表。非绑定型控件常用于显示文本信息、线条、矩形和图片等。

（3）计算控件。计算控件是基于表达式（如函数和计算）的控件。在窗体运行时，由该控件按表达式进行计算并显示计算结果值，表达式可以是运算符（如=、+）、控件名称、字段名称、返回单个值的函数以及常数值的组合。

计算控件也是非绑定型控件，因为此类控件不会更新数据表中的字段，它们通常与数据表字段没有直接的联系，但字段可以参与计算控件对应的表达式运算。计算控件通常用文本框实现，选中文本框并拖动到窗体内，在框内输入计算表达式，该表达式必须以等号"="开始。表达式可以使用来自窗体或报表的基础表或查询中的字段数据，也可以使用来自窗体或报表中另一个控件的数据。

5.3.4 控件的使用

使用设计视图创建窗体的一般步骤是打开窗体设计视图、添加控件、更改控件，然后对控件进行移动、调整大小、删除、设置边框、特殊字体效果等操作，更改控件的外观。利用"属性表"对话框实现控件格式、事件、数据源等属性设置。在 Access 2016 中，为帮助设计人员使用控件，软件提供了控件向导，帮助设计人员在向导提示下逐步完成控件各种属性设置。

（1）添加控件。打开窗体"设计视图"，在控件组中单击相应的控件，然后在窗体节区域拖动画一个矩形区域，释放鼠标，即可完成控件的添加。

（2）选择控件。在窗体"设计视图"中，单击控件即可选定控件。如果要选择多个控件，按住【Ctrl】键再单击要选择的多个控件即可。

（3）取消控件。单击窗体上不包含控件的空白区域，可取消对已有控件的选定。

（4）调整控件大小。鼠标选定控件后，可以按照左右、上下、对角线方向调整大小，或者通过控件周围的 8 个尺寸控制点完成，也可以在控件"属性表"窗格中进行设置。

（5）对齐控件。在"设计视图"打开窗体后，按【Shift】键选择要对齐的控件，或者单击"选择对象"工具框选控件，然后单击"窗体设计工具"→"排列"选项卡→"调整大小和排序"选项组→"对齐"按钮。

Access 2016 提供了对齐网格、靠左、靠右、靠上、靠下等对齐方式。

（6）移动控件。选定要移动的控件，将鼠标移动到控件四周边框处，鼠标显示为上下左右 4 个方向箭头的形状，按下鼠标左键拖动即可完成移动。

（7）复制控件。选定要复制的控件，单击"开始"选项卡 →"剪贴板"选项组→"复制"按钮，然后确定要复制的位置，再单击"开始"选项卡 →"剪贴板"选项组→"粘贴"按钮，将控件复制到指定的位置。

（8）删除控件。选定要删除的控件，按【Delete】键可删除控件。也可以单击"开始"选项卡 →"剪贴板"选项组→"剪切"按钮，删除选定的控件。

（9）控件属性的设置。选定要修改属性的控件，右击控件，在弹出的快捷菜单中选择"属性"命令打开"属性表"窗格，可以对控件的格式、数据、事件、其他等属性进行设置。

【例 5.8】在图书借阅管理中，以"读者"表为数据源，创建一个名为"读者信息录入"的新窗体。

（1）添加窗体标题"读者信息录入"。

操作步骤如下：

单击"创建"选项卡 →"窗体"选项组→"窗体设计"按钮，打开窗体的设计视图。

单击"窗体选定器"按钮，再单击"工具"选项组→"属性表"按钮，打开"属性表"窗格，在"数据"选项卡中设置窗体的记录源为"读者"表，如图 5-26 所示。

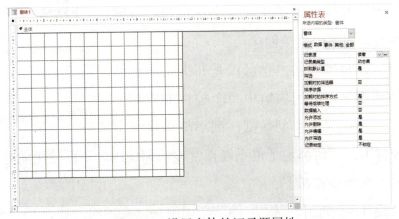

图 5-26　设置窗体的记录源属性

在主体区右击,在弹出的快捷菜单中选择"窗体页眉/页脚"命令,如图5-27所示,打开窗体的页眉和页脚。

在"控件"选项组单击"标签"按钮,在窗体的页眉区单击要放置标签的位置,输入标签内容"读者信息录入"。

（2）创建绑定型文本框控件。文本框控件是最常用的控件,从字段列表中拖动字段,可以直接创建绑定型文本框。操作步骤如下:

单击"设计"选项卡→"工具"选项组→"添加现有字段"按钮,打开"字段列表"窗格,如图5-28所示。

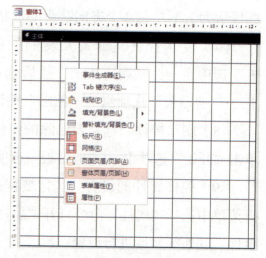

图5-27 "窗体页眉/页脚"命令

将"读者"字段列表中的"编号""姓名""身份证号""单位名称""单位地址"等字段拖动到窗体主体节区合适的位置。系统将根据字段的数据类型和默认的属性为字段创建相应的控件并设置特定的属性,如图5-29所示。

（3）创建选项组控件。选项组控件提供了必要的选项,用户只进行简单的选取就可完成参数设置。选项组中可以包含复选框、切换按钮或选项按钮等控件。可以利用向导来添加一个选项组,也可以在窗体的设计视图中直接创建。

选项组可以是绑定的,也可以是非绑定的,但只能绑定数值型字段。选项组中每个控件的值都是数值型,如果字段为文本型数据,则不能直接绑定到选项组控件上,即使绑定了也不能正常显示和使用。下面使用向导创建"性别"选项组。操作步骤如下:

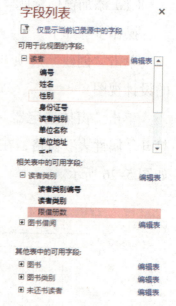

图5-28 "字段列表"窗格

单击"设计"选项卡→"控件"选项组→"选项组"按钮^[XYZ],然后在窗

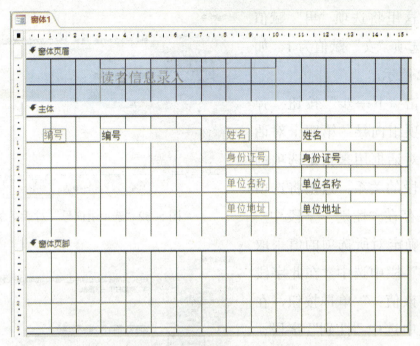

图 5-29 "创建标签和绑定型文本框"的窗体"设计视图"

体上单击要放置选项组的位置，弹出"选项组向导"的第一个对话框。在该对话框中输入选项组中每个选项的标签名，这里分别输入"男"和"女"，如图 5-30 所示。

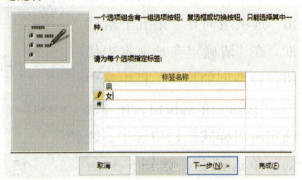

图 5-30 "选项组向导"对话框 1

单击"下一步"按钮，弹出"选项组向导"第二个对话框。在"请确定是否使某选项成为默认选项"栏中选中"是，默认选项是（Y）："单选按钮，在列表框中选中"男"，如图 5-31 所示。

单击"下一步"按钮，弹出"选项组向导"第三个对话框。该对话框用来对每个选项

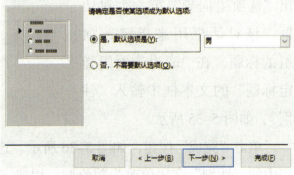

图 5-31 "选项组向导"对话框 2

赋值，这里将选项"男"赋值为 0，选项"女"赋值为 1，如图 5-32 所示。

单击"下一步"按钮，弹出"选项组向导"第四个对话框。该对话框用来指定选项的值与字段的关系，这里将选项的值保存在"性别"字段中。在"请确定对所选项的值采取的动作"栏中选中"在此字段中保存该值："单选按钮，在列表框中选中"性别"字段，如图 5-33 所示。

单击"下一步"按钮，弹出"选项组向导"第五个对话框。在"请确定在选项组中使用何种类型的控件"栏中选中"选项按钮"单选按钮，在"请确定所用样式"栏中选中"蚀刻"单选按钮，如图 5-34 所示。

单击"下一步"按钮，弹出"选项组向导"第六个对话框。该对话框用来指定选项组的标题，在"请为选项组指定标题"的文本框中输入"性别"，如图 5-35 所示。

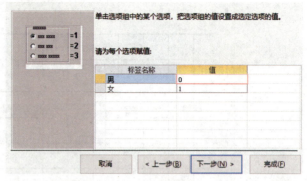

图 5-32 "选项组向导"对话框 3

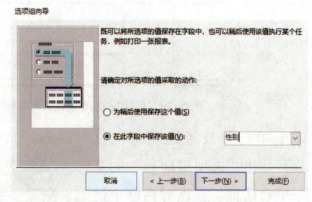

图 5-33 "选项组向导"对话框 4

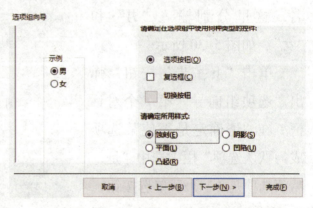

图 5-34 "选项组向导"对话框 5

单击"完成"按钮，如图 5-36 所示。这里需要注意的是，只有将"读者"表中的"性别"字段值改为数值型，用数字"0""1"分别表示"男""女"，才能正常创建此绑定"性别"选项组。或者可自行在读者表中增加数值型"性别 1"字段进行练习。

（4）创建列表框控件。列表框也可分为绑定型与非绑定型两种，既可以利用向导来添加列表框，也可以在窗体"设计视图"中直接创建。下面使

图 5-35 "选项组向导"对话框 6

用向导创建"读者类别"列表框。操作步骤如下：

单击"设计"选项卡 → "控件"选项组→"列表框"按钮 ，然后在窗体上单击要放置列表框的位置，弹出"列表框向导"的第一个对话框，选择"自行键入所需的值"单选按钮，如图 5-37 所示。

单击"下一步"按钮，弹出"列表框向导"第二个对话框。在"第 1 列"列表中依次输入"1"、"2"、"3"、"4"和"5"等值，每输入一个值，按【Tab】键或向下箭头即可输入下一个值，如图 5-38 所示。

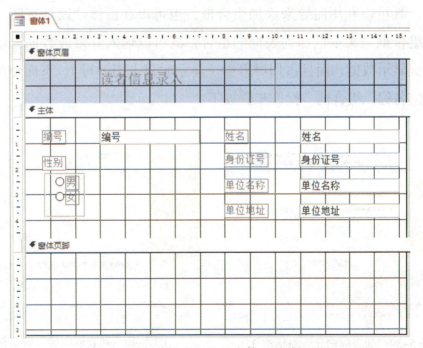

图 5-36 "创建选项组"的窗体"设计视图"

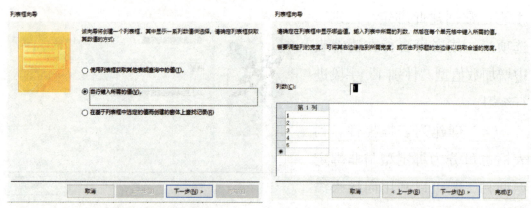

图 5-37 "列表框向导"对话框 1　　　　图 5-38 "列表框向导"对话框 2

单击"下一步"按钮，弹出"列表框向导"第三个对话框，选择"将该数值保存在这个字段中"单选按钮，并单击右侧下拉列表，从下拉列表框中选择"读者类别"字段，如图 5-39 所示。

单击"下一步"按钮，弹出"列表框向导"的最后一个对话框。在"请为列表框指定标签"文本框中输入"读者类别"，使其作为该列表框的标签，如图 5-40 所示。

单击"完成"按钮完成列表框的创建，如图 5-41 所示。

（5）创建组合框控件。与列表框相似，组合框也可分为绑定型与非绑定型两种，既可以利用向导来添加组合框，也可以在窗体"设计视图"中直接创建。组合框是文本框和列表框的组合，既可以输入并修改数据，也可以通过列表框显示数据，而且占用屏幕少（显示时只占用一行）。下面使用向导创建"单位名称"组合框。操作步骤如下：

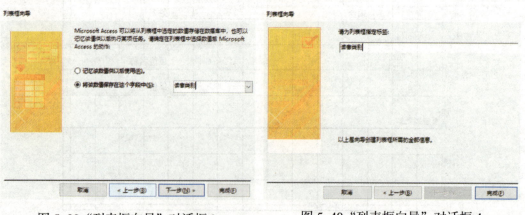

图 5-39 "列表框向导"对话框 3　　　　图 5-40 "列表框向导"对话框 4

图 5-41 "创建列表框"的窗体"设计视图"

　　单击"设计"选项卡→"控件"选项组→"组合框"按钮，然后在窗体上单击要放置组合框的位置，弹出"组合框向导"的第一个对话框，在该对话框选择"自行键入所需的值"单选按钮，如图 5-42 所示。

　　单击"下一步"按钮，弹出"组合框向导"第二个对话框。在"第1列"列表中依次输入"郑州大学""宝鸡文理学院""保定理工学院""青岛大学""廊坊师范学院""唐山学院""昆明大学""太原科技大学"等值，每输入一个值，按【Tab】键或向下箭头即可输入下一个值，如图 5-43 所示。

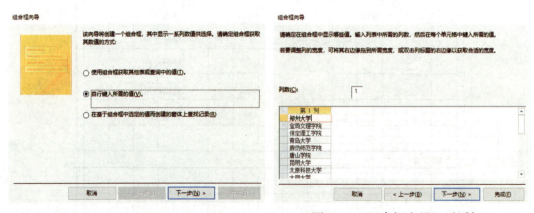

图 5-42 "组合框向导"对话框 1　　　　　图 5-43 "组合框向导"对话框 2

单击"下一步"按钮，弹出"组合框向导"第三个对话框，选择"将该数值保存在这个字段中"单选按钮，并单击右侧下拉列表，从下拉列表框中选择"单位名称"字段，如图 5-44 所示。

单击"下一步"按钮，弹出"组合框向导"的最后一个对话框。在"请为组合框指定标签"文本框中输入"单位名称"，使其作为该组合框的标签，如图 5-45 所示。

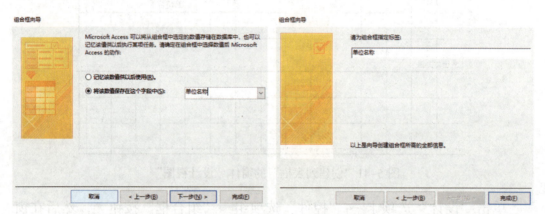

图 5-44 "组合框向导"对话框 3　　　　图 5-45 "组合框向导"对话框 4

单击"完成"按钮完成组合框的创建，如图 5-46 所示。

图 5-46 "创建组合框"的窗体"设计视图"

（6）创建计算型文本框控件。文本框控件可以用来显示和编辑字段中的数据，这时文本框为绑定控件。文本框还可以用于放置表达式以显示表达式的结果，这时的文本框为计算型文本框。下面以添加"年龄"字段为例来说明计算型文本框的创建，操作步骤如下：

单击"设计"选项卡→"控件"选项组→"文本框"按钮 ![ab]，然后在窗体上拖动画一个矩形区域，释放鼠标。

选中文本框的"标签"控件，单击"工具"选项组→"属性表"按钮，弹出"属性表"窗格。

选择"格式"选项卡，在"标题"属性右侧的文本框中输入"年龄"。

选中"文本框"控件，在"属性表"窗格选择"数据"选项卡，在"控件来源"属性右侧的文本框中输入"=Year（Date（））-Mid（[身份证号],7,4）"，如图 5-47 所示。

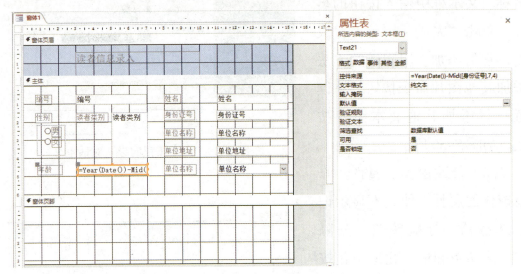

图 5-47 "创建计算型文本框"的窗体"设计视图"及文本框属性的设置

（7）创建命令按钮控件。窗体中的命令按钮可以和某个操作联系起来，单击该按钮时，就可以执行相应的操作。这些操作可以是一个过程，也可以是一个宏。下面使用"命令按钮向导"创建"第一条记录"命令按钮，操作步骤如下：

单击"设计"选项卡→"控件"选项组→"命令"按钮 ![xxx]，然后在窗体上拖动画一个矩形区域，释放鼠标。弹出"命令按钮向导"的第一个对话框，在"类别"下拉列表中选择"记录导航"，在右侧的"操作"下拉列表中选择"转至第一项记录"，如图 5-48 所示。

单击"下一步"按钮，弹出"命令按钮向导"第二个对话框。选择"图片"单选按钮，并在右侧的文本框中选择"移至第一项"，如图 5-49 所示。

单击"下一步"按钮，弹出"命令按钮向导"的最后一个对话框，在"请指定按钮的名称"文本框中输入按钮的名称，单击"完成"按钮，完成该按钮的添加。用同样的方法添加其他图片命令按钮，请读者自行添加其他文本命令按钮，如图 5-50 所示。

（8）修改窗体的属性。修改窗体的属性，使之不显示记录选择器、导航按钮、分隔线、滚动条和最大化最小化按钮。

（9）单击快速访问工具栏的"保存"按钮，弹出"另存为"对话框，在"窗体名称"文本框中输入窗体的名称"读者信息录入"，单击"确定"按钮保存该窗体。切换到"窗体

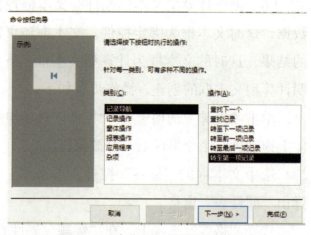

图 5-48 "命令按钮向导"对话框 1

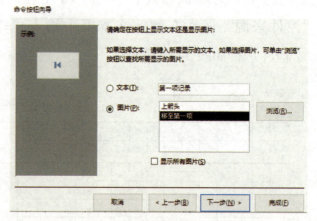

图 5-49 "命令按钮向导"对话框 2

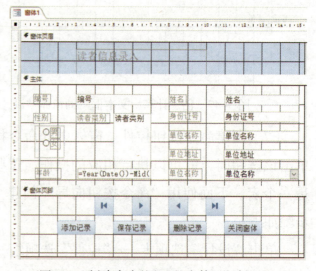

图 5-50 "创建命令按钮"的窗体"设计视图"

视图"，如图 5-51 所示。

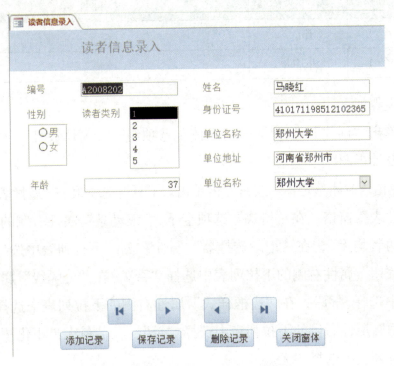

图 5-51"读者信息录入"窗体的"窗体视图"

【例 5.9】创建一个窗体，命名为"图书借阅管理系统"，窗体中控件及其设置见表 5-2，"窗体视图"如图 5-52 所示。

表 5-2　窗体中控件及其设置

控件类型	控件名称	控件标题
标签控件（1个）	lbl1	欢迎您使用图书借阅管理系统
命令按钮（6个）	cmd1	图书管理窗体
	cmd2	借阅管理窗体
	cmd3	读者管理窗体
	cmd4	还书管理窗体
	cmd5	图书类别管理
	cmd6	读者类别管理
	Cmd7	退出应用程序
	Cmd8	返回登录界面

续表

控件类型	控件名称	控件标题
直线（1个）	line9	
矩形（1个）	外边框	

操作步骤如下：

（1）单击"创建"选项卡 →"窗体"选项组→"窗体设计"按钮，打开窗体的"设计视图"。

（2）单击"窗体选定器"按钮，再单击"工具"选项组→"属性表"按钮，弹出"属性表"窗格。在"格式"选项卡下、"滚动条"属性右侧的下拉列表中选择"两者均无"，在"记录选择器"属性右侧的下拉列表中选择"否"，在"导航按钮"属性右侧的下拉列表中选择"否"，在"分隔线"属性右侧的下拉列表中选择"否"，在"边框样式"属性右侧的下拉列表中选择"无"，在"控制框"属性右侧的下拉列表中选择"否"，在"最大最小化按钮"属性右侧的下拉列表中选择"无"。

（3）在控件选项组的列表框中单击"标签"按钮，在窗体主体区单击要放置标签的位置，输入标签内容"欢迎您使用图书借阅管理系统"。在"属性表"窗格中选择"全部"选项卡，设置标签的"名称"属性为"lbl1"，设置"字体名称"属性为"宋体"，"字号"属性为20，字体粗细属性为"加粗"。

（4）在"控件"选项组的列表框中单击"直线"按钮，在窗体主体区中拖动画条直线，释放鼠标。单击"直线"控件，在"属性表"窗格中选择"全部"选项卡，设置直线的"名称"属性为"line9"。在主体区调整直线的大小和位置，调整边框宽度为2pt，边框颜色为"边框/网格线"。

（5）在"控件"选项组的列表框中单击"按钮"按钮，在窗

图5-52"图书借阅管理系统"的"窗体视图"

体主体区中拖动画一个矩形区域，释放鼠标，弹出"命令按钮向导"对话框，单击"取消"按钮。再单击"命令按钮"控件，在"属性表"窗格中选择"全部"选项卡，设置"名称"属性为"cmd1"，"标题"属性为"图书管理"，设置"字体名称"属性为"宋体"，"字号"属性为 16，字体粗细属性为"正常"。

（6）用同样的方法再添加其他命令按钮控件。

（7）在"控件"选项组的列表框中单击"矩形"按钮，在窗体主体区中拖动画一个矩形，释放鼠标。单击"矩形"控件，在"属性表"窗格中选择"全部"选项卡，设置矩形的"名称"属性为"外边框"，"边框宽度"属性设置为"3pt"。在主体区调整矩形的大小和位置。

（8）单击快速访问工具栏上的"保存"按钮，以"图书借阅管理系统"命名并保存窗体。切换到"窗体视图"，效果如图 5-52 所示。

5.4 ▶ 美化窗体

　　窗体功能设计基本完成后，通过对控件及窗体的格式进行设置，使窗体更加美观、友好。另外，Access 2016 还提供了主题、条件格式等功能来美化窗体，使得窗体设计更加合理，操作更加方便。

5.4.1 使用主题

　　Access 2016 为窗体和报表提供了丰富的主题格式，可以自定义、扩展和下载主题，也可以通过 Office Online 或电子邮件与他人共享主题。在美化窗体时，用户可以直接套用某个主题格式。

　　【例 5.10】在"图书借阅管理"数据库中，为"图书借阅管理系统"窗体设定主题格式。

　　操作步骤如下：

（1）打开"图书借阅管理系统"窗体的"设计视图"。

（2）单击"窗体设计工具"→"设计"选项卡→"主题"选项组→"主题"按钮，弹出相应的内置主题，也可以启用来自 Office.com 的内容更新，主题格式列表如图 5-53 所示。

（3）在打开的主题格式列表中选择要使用的主题，本次选择"平面"主题，窗体会使用该主题格式的整体外观，包括字体、颜色、线条和填充效果等，切换到"窗体视图"查看效果，如图 5-54 所示。

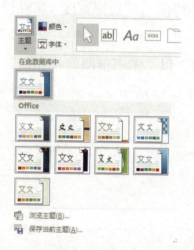

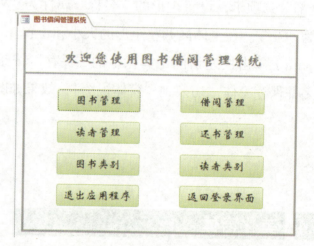

图 5-53 "主题"列表 　　图 5-54 应用"平面主题"的"图书借阅管理系统"

5.4.2 使用条件格式

除使用属性对话框设置控件的"格式"属性外，还可以根据控件的值，按照某个条件设置相应的显示格式。

【例 5.11】在"图书借阅管理"数据库中为"读者信息录入"窗体的"年龄"字段设置条件格式，要求如果年龄大于 30 岁，则该字段的字体颜色为红色并且加粗斜体显示。

操作步骤如下：

（1）打开"读者信息录入"窗体的"设计视图"。

（2）选中控件，单击"窗体设计工具"→"格式"选项卡→"控制格式"选项组→"条件格式"按钮，弹出"条件格式规则管理器"对话框，如图 5-55 所示。

（3）单击"新建规则"按钮，弹出"新建格式规则"对话框，在"选择规则类型"栏中选中"检查当前记录值或使用表达式"，在"编辑规则描述"下面的列表框中选择"字段值""大于或等于""30"，在"预览"中选中"加粗""倾斜"并设置字体为"红色"，如图5-56所示。

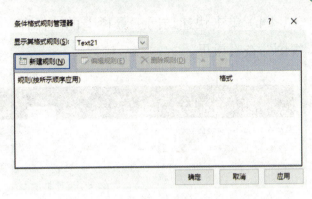

图5-55 "条件格式规则管理器"对话框

（4）单击"确定"按钮，返回到"条件格式规则管理器"对话框，再单击"确定"按钮，切换到"窗体视图"查看效果，如图5-57所示。

图5-56 "新建格式规则"对话框

5.4.3 添加背景图片

为了美化窗体，可以为窗体添加背景图片，它可以应用于整个窗体。

操作步骤如下：

（1）打开要添加背景图片的窗体的"布局视图"。

（2）单击"窗体布局工具"→"格式"选项卡→"背景"选项组→"背景"按钮，如图5-58所示。

（3）在弹出的对话框中单击"浏览"按钮，打开相应的图片即可。

图5-57 使用"条件格式"的"读者信息录入"窗体

（4）单击快速访问工具栏上的"保存"按钮，保存窗体，切换到"窗体视图"查看效果。

图 5-58　背景图像按钮

5.5　定制系统控制窗体

　　窗体是应用程序和用户之间交互的接口，除了能为用户提供输入、编辑和显示数据的界面外，窗体还可以将数据库对象整合在一起，形成一个供用户操作的数据库应用系统控制界面。Access 2016 提供的"导航窗体"功能，可以方便地将各项功能整合形成应用系统控制界面。

5.5.1　创建导航窗体

　　Access 2016 提供了"导航窗体"功能，在导航窗体中，用户可以根据需要选择"导航窗体"的布局，并通过相应按钮将已经创建好的数据库对象整合在一起形成数据库应用系统。

　　【例 5.12】在"图书借阅管理"数据库中创建一个窗体，命名为"导航窗体"。

　　操作步骤如下：

　　（1）单击"创建"选项卡 →"窗体"选项组→"导航"按钮，从下拉列表中选择"水平标签和垂直标签，左侧"选项，打开导航窗体的"布局视图"，如图 5-59 所示。将一级功能放在水平标签上，二级功能放在垂直标签。

（2）设置水平标签添加一级功能按钮，单击上方的"新增"按钮，输入"图书管理"。使用相同的方法，依次添加"借阅管理""读者管理""还书管理"，如图5-60所示。

（3）在垂直标签上创建二级功能按钮。本例创建读者管理的二级功能按钮。单击"读者管理"按钮，再单击左侧的"新增"按钮，输入"读者信息输入"。使用同样的方法创建"读者类别窗体"，如图5-61所示。

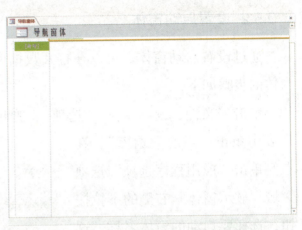

图5-59 "导航窗体"的"布局视图"

（4）为二级功能按钮设置"事件"属性，添加功能。右击"读者信息录入"导航按钮，在弹出的快捷菜单中选择"属性"命令，弹出"属性表"窗格，选择"事件"选项卡，单击事件右侧的下拉按钮，选择已经创建好的宏对象"打开读者信息录入窗体"（关于宏的创建，请参见后续章节）。使用相同的方法设置其他导航按钮的功能。

图5-60 创建"一级功能按钮"的"导航窗体"

（5）根据需要修改导航窗体上方的标题，双击导航窗体上方的"导航窗体"标签即可修改。也可以修改窗体本身的标题，通过"属性表"窗格进行修改。

（6）单击快速访问工具栏上的"保存"按钮，弹出"另存为"对话框，在"窗体名称"文本框

图5-61 创建"二级功能按钮"的"导航窗体"

中输入窗体的名称"导航窗体"，单击"确定"按钮，保存该窗体。

（7）切换到"窗体视图"，单击相应的导航按钮，查看效果。

5.5.2 设置启动窗体

通过设置启动窗体，可以在打开数据库时自动打开某个窗体。设置启动窗体的步骤如下：

单击"文件"选项卡 → "选项"，弹出"Access 选项"对话框，在左侧列表中单击"当前数据库"，在右侧单击"应用程序选项"选项区域"显示窗体"右侧的下拉按钮，选择要启动的窗体名称，这里选择"图书借阅管理系统"，如图 5-62 所示，单击"确定"按钮。再次打开数据库时，启动窗体就会生效。如果打开数据库时想要绕过启动选项，在打开数据库时按【Shift】键即可。

图 5-62 "Access 选项"对话框

习 题

1. 选择题

（1）下列不是窗体的组成部分的是（　　）。

A. 窗体页眉 　　　　　　　　　B. 窗体页脚

C. 主体 　　　　　　　　　　　D. 窗体设计器

（2）不属于 Access 窗体控件的是（　　）。

A. 标签 　　　　　　　　　　　B. 文本框

C. 组合框 　　　　　　　　　　D. 数据表

（3）在窗体中，用来输入或编辑字段数据的交互控件是（　　）。

A. 列表框控件 　　　　　　　　B. 文本框

C. 标签 　　　　　　　　　　　D. 复选框控件

（4）以下各项中，可以使用用户定义的界面形式来操作数据的是（　　）。

A. 表 　　　　　　　　　　　　B. 查询

C. 窗体 　　　　　　　　　　　D. 报表

（5）在窗体的顶部显示信息的是（　　）节。

A. 主体 　　　　　　　　　　　B. 窗体页眉

C. 页面页眉 　　　　　　　　　D. 页面页脚

（6）控件选项组中的按钮，用于创建（　　）。

A. 组合框 　　　　　　　　　　B. 文本框

C. 标签 　　　　　　　　　　　D. 列表

（7）为窗体指定来源后，在窗体设计窗口中，可由（　　）取出来源的字段。

A. 空间选项组 　　　　　　　　B. 属性表

C. 主题 　　　　　　　　　　　D. 字段列表

（8）若要快速调整窗体格式，如字体大小、顺色等，可使用（　　）。

A. 控件选项组 　　　　　　　　B. 字段列表

C. 主题 　　　　　　　　　　　D. 属性表

（9）在窗体中加入文字标题，常使用（　　）。

    A．文本框   B．标签

    C．组合框   D．列表框

（10）下列不属于窗体的视图是（　　）。

    A．设计视图   B．布局视图

    C．窗体视图   D．页面视图

（11）在读者信息录入窗体中，为"性别"字段提供"男"、"女"选项供用户直接选择，应使用的控件（　　）。

    A．图像框   B．列表框

    C．文本框   D．复选框

（12）当窗体中的内容太多无法放在一页中全部显示时，可以使用（　　）控件来分页。

    A．选项卡   B．列表框

    C．文本框   D．命令按钮

（13）创建窗体的数据源不能是（　　）。

    A．一个表   B．一个多表创建的查询

    C．一个单表创建的查询   D．报表

（14）窗体中能够显示在每一页底部的信息是（　　）。

    A．页面页脚   B．窗体页眉

    C．页面页眉   D．主体

（15）为窗体中的命令按钮设置单击时发生的动作，应该设置其"属性表"窗格中的（　　）。

    A．"格式"选项卡   B．"事件"选项卡

    C．"数据"选项卡   D．"属性"选项卡

（16）若要改变窗体中文本框控件的数据来源，应设置的属性是（　　）。

    A．记录源   B．控件来源

    C．默认值   D．名称

2．填空题

（1）窗体由多个部分组成，每个部分称为一个_____。

（2）窗体中的控件有绑定型、_____和_____ 3 种。

（3）窗体属性对话框中包括数据、格式、_____、_____和全部 5 个选项卡。

（4）组合框和列表框都可以从列表中选择值，相比较而言，_____占用窗体空间多，不仅可以选择，还可以输入新的文本。

（5）利用_____选项组中的选项，可以对选定的控件进行居中、对齐等多种操作。

（6）窗体中所有可被选取者，皆为_____，但不一定就是字段。这些可被选取的项目，皆有_____，可以在控件属性表中进行设置。

（7）能够唯一标识某一控件的属性是_____。

3．操作题

依次完成例 5.1~ 例 5.12 中的所有操作。

报　表

　　报表是 Access 六大对象之一，可以将数据库中的信息以多种形式进行显示或打印，是数据库应用的终极目标。报表可分为多种类型，但基本结构是相同的。它以表或查询为数据源，可对数据进行汇总、统计、分析等操作，并将数据以格式化的方式显示或打印。本章主要介绍报表的作用、类型、组成、视图、创建方法、页面设置与打印等内容。

6.1 报表概述

报表是数据库数据输出的一种对象，是以格式化的形式向用户显示或打印数据的一种有效方法，其只能对数据进行查看、汇总、统计、分析等，不能修改和输入数据。

6.1.1 报表的功能

报表作为 Access 2016 数据库的重要组成部分，具有以下功能。

（1）按照一定格式显示或打印来自表或查询的数据。

（2）能够对数据进行分类、汇总等，便于比较分析。

（3）能够打印输出标签、发票、订单和信封等多种样式。

（4）可以在报表中嵌入图像或图片等来美化数据显示的外观。

6.1.2 报表的类型

Access 提供了丰富多样的报表样式，根据记录的显示方式主要分为：纵栏式报表、表格式报表、图表式报表、标签式报表 4 种类型。

6.1.2.1 纵栏式报表

纵栏式报表将每条记录都显示在"主体"节，每个字段占一行，所有字段自上而下，左侧是字段名，右侧是字段值，如图 6-1 所示。该类型适用于字段较多，记录较少的情况。

6.1.2.2 表格式报表

表格式报表将每条记录所有字段都显示在"主体"节的同一行，字段名显示在每页的顶端，每页显示多行记录，如图 6-2 所示。该类型适用于字段较少，记录较多的情况。

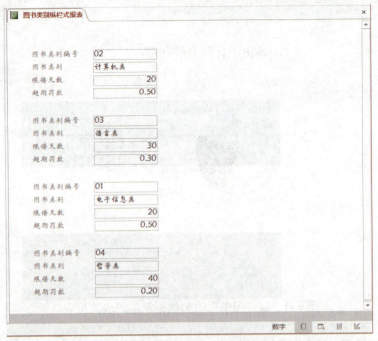

图 6-1　以"图书类别"表为数据源的纵栏式报表

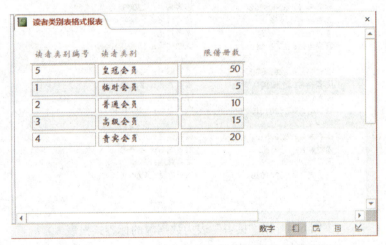

图 6-2　以"读者类别"表为数据源的表格式报表

6.1.2.3 图表式报表

图表式报表以图表显示数据，直观地表示数据之间的关系，如图 6-3 所示。该类型适用于对数据进行综合、归纳、比较等情况。

6.1.2.4 标签式报表

标签式报表是一种特殊的报表，将数据源中少量的数据组织在一个卡片似的小区域，如图 6-4 所示。该类型适用于制作商品标签、书签、名片等情况。

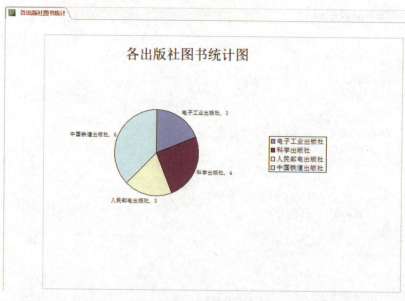

图 6-3　以"图书"表为数据源的图表式报表

图 6-4　以"读者"表为数据源的标签式报表

6.1.3 报表的组成

报表通常由报表页眉、报表页脚、页面页眉、页面页脚、组页眉、组页脚及主体 7 部分组成，每一部分称之为一个节。每一节任务不同，适合放置不同的数据。

6.1.3.1 主体

是展示数据的主要区域，主要显示数据的明细部分，用于处理每条记录，其中的每个值都要被打印一次。

6.1.3.2 报表页眉

只在报表的顶部显示一次，输出在报表首页的页面页眉之前，也可单独设为一页做报表的标题或封面等。

6.1.3.3 页面页眉

在每一页的上方显示或打印，一般用来设置数据表中的列标题、页标题等。

6.1.3.4 组页眉

输出分组的有关信息，一般用来设置分组的标题或提示信息，只有执行"报表设计工具"选项卡中"分组和排序"选项组的"排序和分组"命令，添加分组后才会出现，显示在每个记录组的前面。

6.1.3.5 组页脚

同样输出分组的有关信息，一般用来设置每组输出的汇总信息，如平均值、和、最大值等，显示在每个记录组的末尾。

6.1.3.6 页面页脚

在每一页的下方显示或打印，一般用来设置本页的汇总信息、页码等。

6.1.3.7 报表页脚

出现在报表的结尾处，输出在最后一条记录和最后一页的页面页脚之间，一般用来设置整个报表的汇总信息、结束语等。

6.1.4 报表的视图

Access2016 为报表提供了 4 种操作视图：报表视图、打印预览、布局视图和设计视图。4 种视图可以通过单击"开始"选项卡中"视图"选项组的"视图"下拉按钮从中选择合适的视图实现视图之间的切换，但打印预览视图需先关闭才能切换到其他三种视图。

6.1.4.1 报表视图

是报表的显示视图，可对数据进行查找、筛选等操作。

6.1.4.2 打印预览

按照报表打印的样式显示报表，用于查看打印效果和设置打印参数。

6.1.4.3 布局视图

与"报表视图"界面类似，但可对报表中的元素进行修饰，可方便地进行控件的删除、移动、重新布局等操作。

6.1.4.4 设计视图

为用户提供了丰富的可视化设计手段，是设计报表中各对象的结构、布局、格式、数据的分组与汇总特性的窗口，可以对报表的任何节进行设置。

6.2 创建报表

Access 2016 提供了 5 种创建报表的方法，如图 6-5 所示。

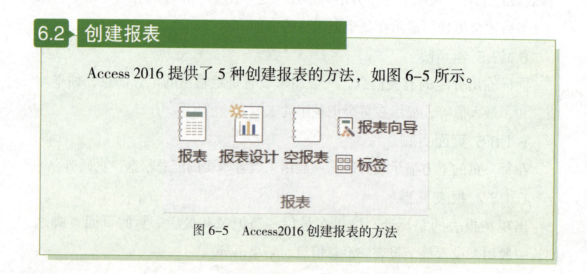

图 6-5　Access2016 创建报表的方法

6.2.1 使用"报表"创建

需要快速浏览表或查询中的数据时，或需要快速创建初步的报表以便随后再修改时，可以使用此方法创建报表。

使用此方法创建报表时，首先在"导航窗格"中选择作为数据源的表或查询（注意只能是一个表或查询），然后点击"创建"选项卡中"报表"选项组的"报表"按钮，即可完成报表的创建。此时，报表类型是表格式报表，视图为布局视图，数据源中的所有字段都包括在报表中。

【例 6.1】以"读者类别"表为数据源，使用"报表"创建报表，并命名为"读者类别"。

操作步骤如下：

（1）打开"图书借阅管理"数据库。

（2）在"导航窗格"中单击"读者类别"表。

（3）点击"创建"选项卡→"报表"→"报表"按钮，屏幕上立刻以布局视图显示出新建的报表，如图6-6所示。

（4）单击快速访问工具栏中的"保存"按钮，弹出"另存为"对话框，在报表名称文本框中输入报表的名称"读者类别"，单击"确定"按钮，保存该报表。

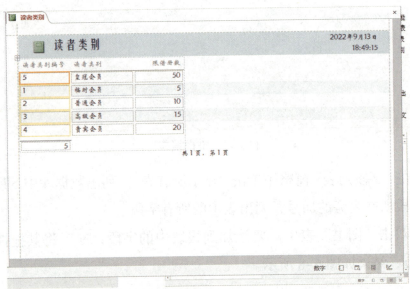

图6-6 使用"报表"创建的"读者类别"报表

6.2.2 使用"空报表"创建

只在报表上放置很少的字段时使用该方法非常便捷。该方法不会自动添加任何控件，它将显示"字段列表"窗格，需要手动添加表中的字段。

使用此方法创建报表时，点击"创建"选项卡"报表"选项组中的"空报表"按钮，在显示的"字段列表"窗格中，单击"显示所有表"，列出数据库中的所有表，然后点击字段所在表旁的加号，列出表中的所有字段。在需要添加到报表中的字段名上双击，或者将其拖拽到报表上。

【例 6.2】 以"图书"表为数据源，使用"空报表"创建报表，并命名为"图书"。

操作步骤如下：

（1）打开"图书借阅管理"数据库。

（2）点击"创建"选项卡→"报表"→"空报表"按钮，屏幕上立刻以布局视图显示出空报表和"字段列表"窗格，如图 6-7 所示。

图 6-7　空白报表

（3）在"字段列表"窗格中单击"显示所有表"，列出数据库中的所有表，再点击字段所在表旁的加号，列出表中的所有字段。

（4）双击"图书"表中需要添加到报表中的字段，或者将其拖拽到报表"主体"节，结果如图 6-8 所示。

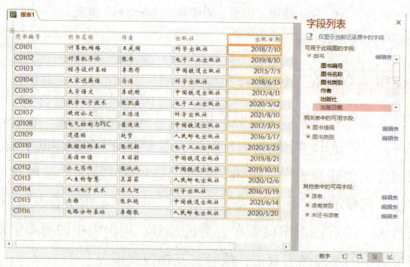

图 6-8　拖拽字段到报表"主体"节

（5）单击快速访问工具栏中的"保存"按钮，弹出"另存为"对话框，在报表名称文本框中输入报表的名称"图书"，单击"确定"按钮，保存该报表。

6.2.3 使用"报表向导"创建

使用"报表向导"可以基于一个或多个表或查询选择希望在报表中显示的字段来创建报表。

只在报表上放置很少的字段时使用该方法非常便捷。该方法不会自动添加任何控件，它将显示"字段列表"窗格需要手动添加报表中使用的字段。

"报表向导"对话框会提示选择报表使用的字段、查看数据的方式、报表的布局方式，还会询问是否对数据分组和如何对数据排序，点击"完成"按钮后会根据用户的选择创建报表。

【例 6.3】以"图书借阅"表为数据源，使用"报表向导"创建报表，以"读者编号"字段分组，以"图书编号"字段升序排列，布局方式为"递阶"，命名为"图书借阅"。

操作步骤如下：

（1）打开"图书借阅管理"数据库。

（2）单击"创建"选项卡→"报表"→"报表向导"按钮，弹出"报表向导"对话框，单击"表/查询"的下拉按钮，在下拉列表中选择"表：图书借阅"，如图6-9所示。

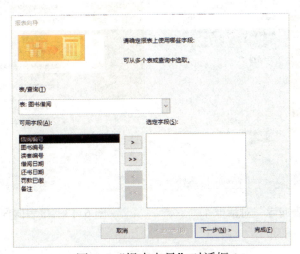

图6-9 "报表向导"对话框1

（3）单击 ﹥﹥ 按钮选择所有字段，单击"下一步"按钮，在对话框中单击 ﹤ ，并在对话框中的左侧列表框中选择"读者编号"字段，单击 ﹥ ，将该字段添加到右侧的分组字段中，如图 6-10 所示。

（4）单击"下一步"按钮，在对话框中选择"图书编号"作为排序字段，如图 6-11 所示。

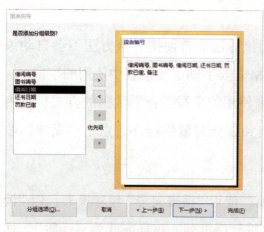

图 6-10 "报表向导"对话框 2

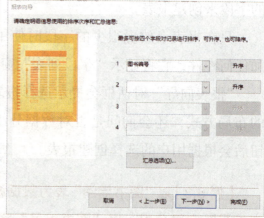

图 6-11 "报表向导"对话框 3

（5）单击"下一步"按钮，在对话框中选择布局方式为"递阶"，如图 6-12 所示。

（6）单击"下一步"按钮，在对话框中的"请为报表指定标题"文本框输入"图书借阅"，如图 6-13 所示。

图 6-12 "报表向导"对话框 4

图 6-13 "报表向导"对话框 5

（7）单击"完成"按钮，结果如图6-14所示。

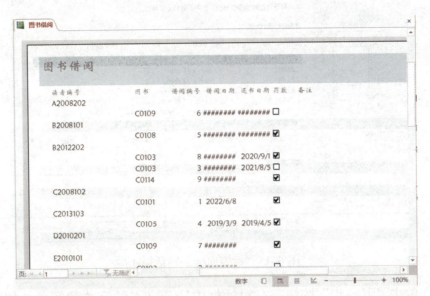

图6-14 "图书借阅"报表

6.2.4 使用"标签向导"创建

"标签向导"不仅支持标准型号的标签，还支持创建自定义的标签，可以将数据源中的每条记录设计为一个标签。

【例6.4】以"读者"表为数据源，使用"标签向导"创建报表，命名为"读者标签"。

操作步骤如下：

（1）打开"图书借阅管理"数据库。

（2）在"导航窗格"中单击"读者"表。

（3）单击"创建"选项卡→"报表"→"标签"按钮，弹出"标签向导"对话框，指定标签尺寸，如图6-15所示。

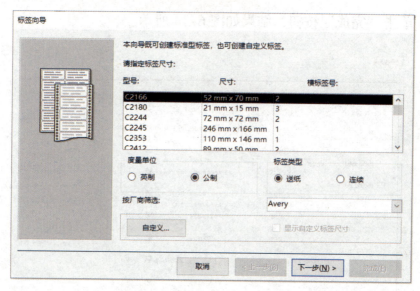

图 6-15 "标签向导"对话框 1

（4）单击"下一步"按钮，在对话框中选择文本的字体和颜色，如图 6-16 所示。

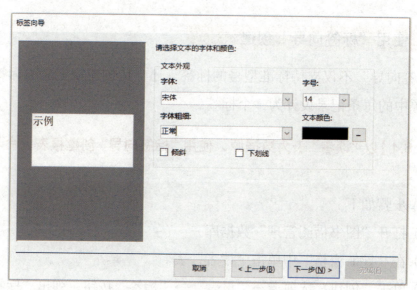

图 6-16 "标签向导"对话框 2

（5）单击"下一步"按钮，在对话框中的"原型标签"列表框中输入"读者编号："，在"可用字段"列表框中双击"编号"。然后按 Enter 键，转到下一行，重复该操作添加其他字段，如图 6-17 所示。

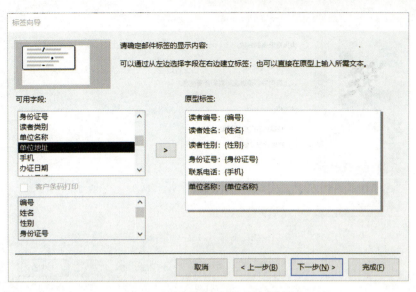

图 6-17 "标签向导"对话框 3

（6）单击"下一步"按钮，在对话框中的"可用字段"列表框中双击"编号"，将其设为排序字段，如图 6-18 所示。

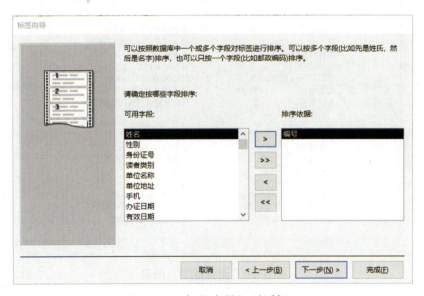

图 6-18 "标签向导"对话框 4

（7）单击"下一步"按钮，在对话框中的"请指定报表的名称"文本框输入"读者标签"，如图 6-19 所示。

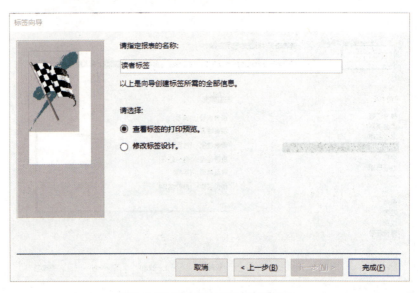

图 6-19 "标签向导" 对话框 5

（8）单击"完成"按钮，结果如图 6-20 所示。

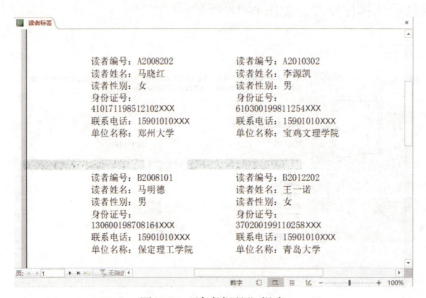

图 6-20 "读者标签"报表

6.2.5 使用"报表设计"创建

虽然使用"报表"或"报表向导"可以方便、快捷地创建报表，但创建的报表形式单一，有时难以满足用户的需要。这时就需要使用设计视图对报表进行修改，或者直接使用"报表设计"创建个性化的定制报表。

【例 6.5】以"读者"表为数据源，使用"报表设计"创建报表，命名为"读者"。

操作步骤如下：

（1）打开"图书借阅管理"数据库。

（2）单击"创建"选项卡→"报表"→"报表设计"按钮，进入报表"设计视图"，并显示"字段列表"窗格。

（3）在"字段列表"窗格中单击"显示所有表"，列出数据库中的所有表。再点击字段所在表旁的加号，列出表中的所有字段。

（4）双击"读者"表中需要添加到报表中的字段，结果如图 6-21 所示。

图 6-21　添加字段到报表"主体"节

（5）单击快速访问工具栏中的"保存"按钮，弹出"另存为"对话框，在报表名称文本框中输入报表的名称"读者"，单击"确定"按钮，保存该报表。

（6）单击"开始"选项卡"视图"选项组中的"视图"下拉按钮，从中选择"报表视图"，如图 6-22 所示。

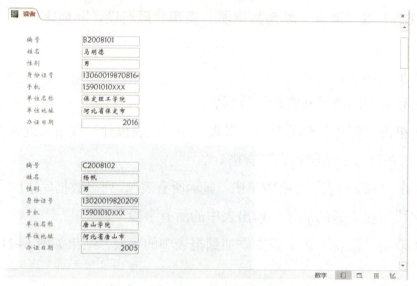

图 6-22 "读者"报表的"报表视图"

6.3 编辑报表

在报表的"设计视图"可对报表进行编辑和修改，主要包括：使用主题、添加背景图案、使用节、插入日期和时间、添加页码等。

6.3.1 使用主题

Access2016 提供了许多主题格式，用户可以直接在报表上套用某个主题，也可以自定义主题。

操作步骤如下：

（1）将报表以"设计视图"方式打开。

（2）单击"报表设计工具/设计"选项卡→"主题"→"主题"下拉按钮，在下拉列表中选择合适的主题。

6.3.2 添加背景图案

指将某个指定图片作为报表的背景，操作步骤如下：

（1）将报表以"设计视图"方式打开。

（2）双击报表左上角的"报表选定器"，打开"报表属性"窗口。

（3）在"属性表"窗格中选择"全部"选项卡，单击"图片"行右侧的 … 按钮，弹出"插入图片"对话框。

（4）在"插入图片"对话框中选择作为背景的图片文件，单击"确定"按钮。

（5）切换到"报表视图"，查看效果。

6.3.3 插入日期和时间

有时需要在报表的页眉或页脚显示日期和时间，可以通过菜单命令或者文本框的方式向报表添加日期和时间。

使用菜单命令插入日期和时间的步骤如下：

（1）将报表以"设计视图"方式打开。

（2）单击"报表设计工具/设计"选项卡→"页眉/页脚"→"日期和时间"按钮，弹出"日期和时间"对话框，如图6-23所示。

（3）在对话框中选择"包含日期"或"包括时间"或两者都选，并且选择日期和时间的显示格式，单击"确定"按钮。

（4）调整日期在设计视图中的位置。

（5）单击"保存"按钮保存报表。

（6）切换到"打印预览"视图，查看效果。

使用文本框插入日期和时间的步骤如下：

（1）将报表以"设计视图"方式打开。

（2）单击"报表设计工具/设计"

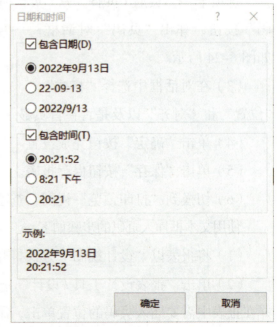

图6-23 "日期和时间"对话框

→"控件"→"文本框"控件，并在报表中需要插入日期和时间的位置单击，添加一个文本框。

（3）删除"标签"控件，根据需要在文本框控件输入"=Date()"或者"=Now()"或者"=Time()"。

（4）单击"保存"按钮保存报表。

（5）切换到"打印预览"视图，查看效果。

6.3.4 插入页码

有时需要在报表的页眉或页脚显示页码，可以通过菜单命令或者文本框的方式向报表添加页码。

使用菜单命令插入页码的步骤如下：

（1）将报表以"设计视图"方式打开。

（2）单击"报表设计工具/设计"选项卡→"页眉/页脚"→"页码"按钮，弹出"页码"对话框，如图6–24所示。

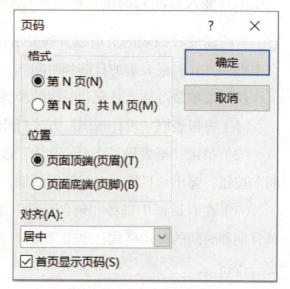

图6–24 "页码"对话框

（3）在对话框中选择"格式"、"位置"和"对齐"以及是否在首页显示页码。

（4）单击"确定"按钮完成设置。

（5）单击"保存"按钮保存报表。

（6）切换到"打印预览"视图，查看效果。

使用文本框插入页码的步骤如下：

（1）将报表以"设计视图"方式打开。

（2）单击"报表设计工具/设计"选项卡→"控件"→"文本框"控件，并在报表中需要插入页码的位置单击，添加一个文本框。

（3）删除"标签"控件，根据需要在文本框控件输入相应的表达式，比如要显示"第 X 页，共 Y 页"，可以输入"=" 第 "&[Page]&" 页，共 "&[Pages]&" 页 ""，其中 [Page] 代表当前页，[Pages] 代表总页数。

（4）单击"保存"按钮保存报表。

（5）切换到"打印预览"视图，查看效果。

6.3.5 使用节

报表中的内容是以节划分的。每一个节都有其特定的目的，代表不同的带区。按照一定的顺序输出到页面及报表中。

（1）添加或删除报表页眉、页脚和页面页眉、页脚。页眉和页脚只能成对添加，在报表的"设计视图"中"主体"区右击，在弹出的快捷菜单选择"页面页眉 / 页脚""报表页眉 / 页脚"，即可添加相应的页眉页脚。如果不需要时，同样在设计视图"中"主体"区右击，在弹出的快捷菜单选择"页面页眉 / 页脚""报表页眉 / 页脚"即可删除相应的页眉页脚。

（2）改变各节的大小。可以将鼠标放在需要调整的节底部，上下拖动以改动节的高度，或放在右边上左右拖动改变节的宽度，也可以将鼠标放在节的右下角上，然后沿着对角线方向拖动，可以同时改变该节高度和宽度。

6.4 报表排序和分组统计

报表中的记录通常是按照数据输入的先后顺序排列显示的，在实际应用过程中有时需要按照某种指定的顺序排列数据，这时可通过报表"排序"操作来实现。此外，有时需要根据某个字段的值是否相等来分组进行统计并输出统计信息，比如要统计各出版社的图书数量，这时可通过"分组"操作来实现。

6.4.1 报表排序

在报表中可以设置按照某个字段的升序或降序输出记录数据。

【例 6.6】将"图书"报表中的记录按"出版社"升序排列。

操作步骤如下：

（1）打开"图书借阅管理"数据库。

（2）在"导航窗格"中右击"图书"报表，在快捷菜单中选择"设计视图"，将"图书"报表以"设计视图"打开。

（3）单击"报表设计工具 / 设计"选项卡→"分组和汇总"→"分组和排序"按钮，下方弹出"分组、排序和汇总"设计器，单击"添加排序"，在展开的下拉列表中选择"出版社"，并将排列次序设置为升序，如图 6-25 所示。

图 6-25 "分组、排序和汇总"设计器

（4）切换到"报表视图"查看效果，如图 6-26 所示。

图书编号	图书名称	作者	出版社	出版日期
C0102	计算机导论	张华	电子工业出版社	2019/8/10
C0106	数字电子技术	张凯盛	电子工业出版社	2020/5/12
C0110	数据结构基础	张悦颖	电子工业出版社	2020/3/25
C0107	硬核公文	王浩浩	科学出版社	2021/8/10
C0114	电工电子技术	李天河	科学出版社	2016/11/19
C0104	大家说英语	马浩	科学出版社	2018/6/15
C0101	计算机网络	王庆国	科学出版社	2018/7/10
C0109	道德经	赵梦	人民邮电出版社	2016/3/17
C0116	电路分析基础	李晋毅	人民邮电出版社	2020/1/20
C0113	人生的智慧	吴菲菲	人民邮电出版社	2020/12/6
C0111	英语口语	王丽娜	中国铁道出版社	2019/8/21
C0112	公文写作	李流成	中国铁道出版社	2019/10/11
C0105	大学语文	李晓明	中国铁道出版社	2017/4/11
C0103	程序设计基础	李思彤	中国铁道出版社	2015/7/5
C0115	乐理	张弘艳	中国铁道出版社	2021/6/14
C0108	电气控制与PLC	崔渡波	中国铁道出版社	2017/3/15

图 6-26 "图书"报表按"出版社"升序排列后的结果

6.4.2 报表分组

报表分组是指在报表设计中根据某个字段的值是否相等将记录分组的操作。通过分组可实现同组数据的汇总、输出，增强报表的可读性。

【例6.7】以"图书"表为数据源创建报表，按"出版社"字段分组，显示图书的"图书编号""图书名称""作者""出版日期""价格"，报表命名为"各出版社图书信息报表"。

操作步骤如下：

（1）打开"图书借阅管理"数据库。

（2）单击"创建"选项卡→"报表"→"报表设计"按钮，进入报表"设计视图"。

（3）单击"报表设计工具 / 设计"选项卡→"工具"→"添加现有字段"按钮，显示"字段列表"窗格，在"字段列表"窗格中单击"显示所有表"，列出数据库中的所有表，再点击字段所在表旁的加号，列出表中的所有字段。双击"图书"表中需要添加到报表中的"出版社""图书编号""图书名称""作者""出版日期""价格"字段，结果如图6-27所示。

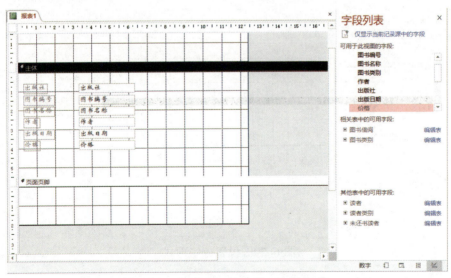

图6-27 添加字段到"主体"节

（4）右键单击"出版社"标签，选择"剪切"，在"页面页眉"区域右击，选择"粘贴"，把标签移动到"页面页眉"。用同样的方法把其他标签移动到

"页面页眉",调整各控件的大小和位置,如图 6-28 所示。

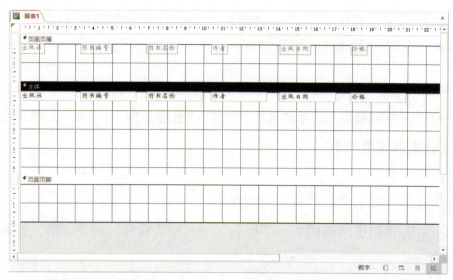

图 6-28　调整字段的位置

(5)单击"报表设计工具 / 设计"选项卡→"分组和汇总"→"分组和排序"按钮,下方弹出"分组、排序和汇总"设计器。单击"添加分组",在展开的下拉列表中选择"出版社",并将排列次序设置为升序。单击"更多"按钮,打开更多选项,设置"有页眉节"和"有页脚节"选项,如图 6-29 所示。

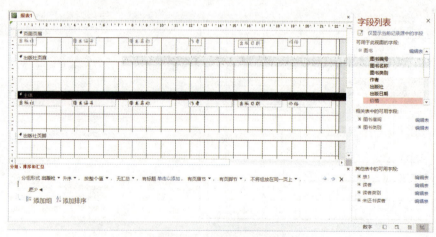

图 6-29　设置分组形式

(6)把"出版社"字段移动到"出版社页眉"区域。

(7)调整各节大小。

(8)单击快速访问工具栏中的"保存"按钮,弹出"另存为"对话框,在报表名称文本框中输入报表的名称"各出版社图书信息报表"，单击"确定"按钮，保存该报表。

（9）切换到"报表视图"查看效果，如图 6-30 所示。

图 6-30 各出版社图书信息报表

6.4.3 报表常用函数

在报表中进行列项统计时，可以使用 Access 内置的统计函数，见表 6-1。

表 6-1 Access 内置的常用统计函数及说明

函数	说明
Avg	取字段平均值
Count	统计记录条数
Max	取字段最大值
Min	取字段最小值
Sum	计算字段的总和

6.4.4 分组统计

【例 6.8】在"各出版社图书信息报表"基础上，统计各出版社图书数及

总图书数。

操作步骤如下：

（1）打开"图书借阅管理"数据库。

（2）在"导航窗格"中右击"各出版社图书信息报表"，在快捷菜单中选择"设计视图"，将报表以"设计视图"打开。

（3）在"出版社页脚"和"报表页脚"区域分别添加一个文本框，在"出版社页脚"区域的标签中输入"图书数："，文本框中输入"=count([图书编号])"，如图6-31所示；在"报表页脚"区域的标签中输入"总图书数："，文本框中输入"=count([图书编号])"，如图6-32所示。

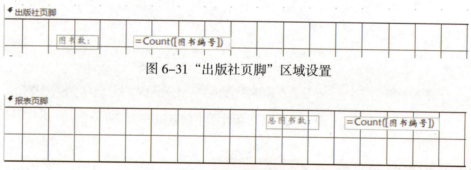

图6-31"出版社页脚"区域设置

图6-32"报表页脚"区域设置

（4）调整各节大小。

（5）单击快速访问工具栏中的"保存"按钮，保存对该报表的修改。

（6）切换到"打印视图"查看效果，如图6-33所示。

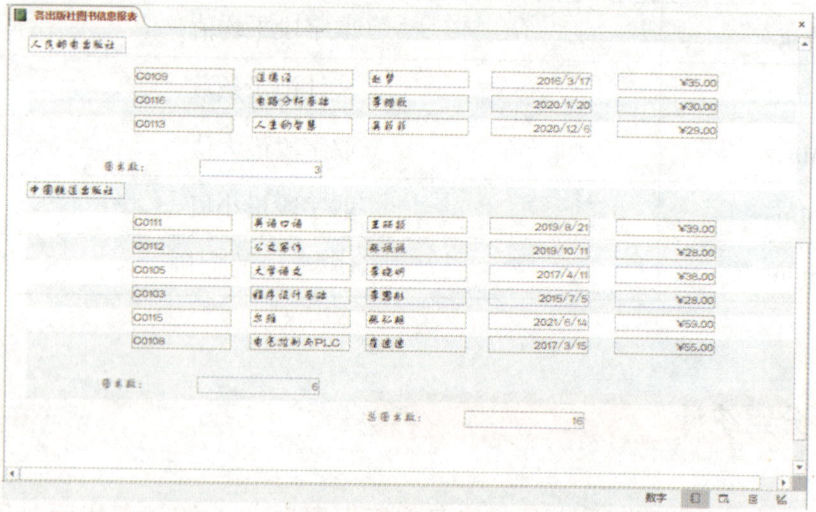

图6-33"各出版社图书信息报表"的最后一页

6.5 打印报表

打印报表是设计报表的最终目的，用户需要打印美观的报表，不仅要合理设计布局，还要进行页面设置。

6.5.1 页面设置

页面设置用来确定报表打印时的纸张大小、纸张方向、页边距等。

在"布局视图"或"设计视图"中，通过"报表设计工具 / 页面设置"选项卡进行设置，如图 6-34 所示；在"打印预览"视图中，通过"打印预览"选项卡进行设置，如图 6-35 所示。

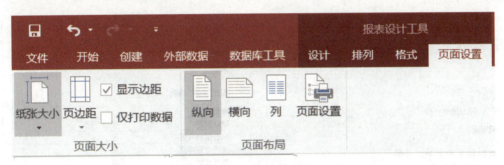

图 6-34 "页面设置"选项卡

图 6-35 "打印预览"选项卡

6.5.2 分页打印报表

默认情况下，报表会按照纸张大小和各节高度自动分页，但也可以利用设置"强制分页"属性或者使用分页控件来分页打印报表。

6.5.2.1 使用"属性表"设置强制分页

【例 6.9】对"各出版社图书信息报表"按出版社进行分页打印。

操作步骤如下：

（1）打开"图书借阅管理"数据库。

（2）在"导航窗格"中右击"各出版社图书信息报表"，在快捷菜单中选择"设计视图"，将报表以"设计视图"打开。

（3）在"出版社页眉"区域右击选择"属性"，打开该节的属性表，将"重复节"设为"是"，将"强制分页"设为"节前"，如图6-36所示。报表中的每个出版社不再连续显示，而是另起一页与前面出版社分开。

（4）单击报表选定器，属性表变为"报表"的属性，选择"格式"选项卡，将"页面页眉"和"页面页脚"均设置为"报表页眉不要"，如图6-37所示。这样报表页眉单独一页做封皮，这一页既不要"页面页眉"里的内容也不要"页面页脚"的内容。

图6-36 "组页眉"区域属性设置

图6-37 报表属性设置

6.5.2.2 使用"分页控件"设置强制分页

用"设计视图"打开报表,单击"报表设计工具/设计"选项卡"控件"选项组中的"插入分页符"控件,然后在需要分节的位置单击,打印时遇到此控件就会另起一页。

6.5.3 打印报表

操作非常简单,只需单击"文件"选项卡下的"打印/打印"按钮,打开"打印"对话框,如图6-38所示。在此对话框中设置打印机、打印范围、打印份数等,单击"确定"按钮即可。

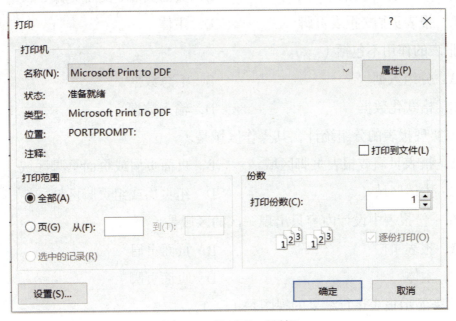

图6-38 "打印"对话框

1. 选择题

（1）在报表每一页的底部都输出信息，需要设置的区域是（　　）。

    A. 报表页眉   B. 报表页脚

    C. 页面页脚   D. 页面页眉

（2）在设计报表时，如果要统计报表中某个字段的全部数据，应将计算表达式放在（　　）。

    A. 组页眉 / 组页脚   B. 页面页眉 / 页面页脚

    C. 报表页眉 / 报表页脚   D. 主体

（3）报表的作用不包括（　　）。

    A. 分组数据   B. 汇总数据

    C. 格式化数据   D. 输入数据

（4）要实现报表的分组统计，其操作区域是（　　）。

    A. 报表页眉或报表页脚区域   B. 页面页眉或页面页脚区域

    C. 主体区域   D. 组页眉或组页脚区域

（5）在一份报表中设计内容只出现一次的区域是（　　）。

    A. 报表页眉   B. 页面页眉

    C. 主体   D. 页面页脚

（6）用来显示报表运行结果的视图是（　　）。

    A. 设计视图   B. 报表视图

    C. 布局视图   D. 打印视图

（7）在学生选课成绩报表中对学生按"课程"分组，若文本框的"控制来源"属性设置为"=count(*)"，下列关于该文本框的叙述中，正确的是（　　）。

    A. 若文本框位于页面页眉，则输出本页中选课学生数量

    B. 若文本框位于课程页眉，则输出选学本课程学生总数

    C. 若文本框位于页面页脚，则输出选学本课程学生总数

    D. 若文本框位于报表页脚，则输出全校选修课程的数量

（8）在报表中，要计算"数学"字段的平均分，应将控件的"控件来源"属性设置为（   ）。

    A．=avg([数学])   B．avg(数学)

    C．=avg[数学]   D．= avg(数学)

（9）在报表设计时可以绑定控件显示数据的是（   ）。

    A．文本框   B．标签

    C．命令按钮   D．图像

（10）在 Access2016 只能以一个表或查询为数据源创建报表的方式是（   ）。

    A．报表设计方式   B．空报表方式

    C．报表向导方式   D．报表方式

2. 填空题

（1）报表根据显示方式主要分为：_____报表、_____报表、_____报表、_____报表 4 种类型。

（2）报表通常由_____、_____、_____、_____、_____、_____及_____ 7 部分组成，每一部分称之为一个_____。

（3）Access2016 为报表提供了_____、_____、_____和_____ 4 种操作视图。

（4）_____是展示数据的主要区域，主要显示数据的明细部分。

（5）报表中要显示"第 X 页，共 Y 页"的页码，可以输入"=" 第 "&_____&" 页，共 "&_____&" 页。

3. 操作题

依次完成例 6.1~ 例 6.9 的所有操作。

第 7 章

宏

宏是 Access 六大对象之一，它可以对数据库的其他对象进行操作，使得数据库操纵变得更为方便。本章主要介绍宏的功能、分类、创建、运行和调试等。

7.1 宏概述

宏是一个或多个操作的集合，其中每个操作执行特定的功能。用户可以通过创建宏来自动执行某一项重复的或者复杂的任务。

7.1.1 宏的功能

宏作为 Access 2016 数据库的重要组成部分，具有以下功能。

（1）数据库对象操作：打开和关闭表、查询、窗体等对象。

（2）数据操作：执行查询操作及数据筛选功能。

（3）窗体、报表对象操作：设置窗体、报表中控件的属性值。

（4）数据输出操作：报表的显示、预览和打印功能。

（5）用户界面管理：显示和隐藏工具栏等。

（6）窗口管理：设置 Access 工作区中任意窗口的大小，并执行窗口移动、缩小、放大和保存等操作。

（7）数据的导入和导出。

7.1.2 宏的分类

可以从不同的角度对宏进行分类，来反映设计宏的意图及执行方式。

7.1.2.1 根据依附位置划分

根据宏依附的位置可以划分为独立的宏、嵌入的宏和数据宏。

（1）独立的宏。独立的宏会显示在导航窗格"宏"中，是一个独立的对象，窗体、报表或控件的任何事件都可以调用。

（2）嵌入的宏。嵌入的宏不会显示在导航窗格中，它嵌入到窗体、报表或控件的任何事件属性中，成为所嵌入对象或控件的一部分。

（3）数据宏。数据宏允许向表中发生的事件（例如添加、更新或删除数据）添加逻辑，来验证并确保表中数据的准确性。它们类似于 Microsoft SQL

Server 中的"触发器"。在数据表视图中查看表时，数据宏从"表"选项卡进行管理，不会显示在导航窗格中的"宏"下。

7.1.2.2 根据操作命令的组织方式划分

根据操作命令的组织方式可以划分为操作序列宏、宏组和条件宏。

（1）操作序列宏。可以包含一系列操作的一个宏，组成宏的操作命令按照顺序依次排列，执行时按顺序从前到后依次执行。

（2）宏组。宏组实际上是以一个宏名来存储的相关宏的集合，宏组的每一个宏都有一个宏的名称，用以标识宏，以便在适当的时候引用宏。这样可以更方便地对宏进行管理，对数据库进行管理。

（3）条件宏。条件操作宏就是在宏中设置条件式，用来判断是否要执行下一个宏命令。只有当条件式成立时，该宏命令才会被执行。条件操作宏可以根据不同的条件执行不同的宏操作。

7.1.3 宏生成器

打开数据库文件后，点击"创建"选项卡→"宏与代码"→"宏"按钮，将进入宏的操作界面，如图 7-1 所示，它包括"宏工具 / 设计"选项卡、"操作目录"窗格和宏设计窗口 3 部分。为了方便用户操作，"操作目录"窗格分类列出了所有的宏操作命令，用户可以根据需要从中选择宏操作命令。为了使开发宏更方便，当创建一个宏后，在宏设计窗口会出现一个组合框，在其中可以添加宏操作并设置参数。

"操作目录"窗格中的流程控制部分包括 Comment、Group、If 和 Submacro 等选项。其中，Comment 用于给宏添加注释说明；Group 允许对宏命令进行分组；If 通过条件表达式的值控制宏操作的执行；Submacro 用于在宏内建立子宏。

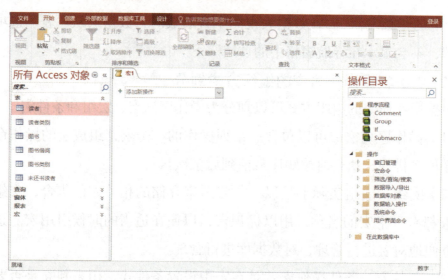

图 7-1　宏操作界面

在宏设计窗口，可以通过直接在"添加新操作"下拉列表框中输入宏操作名称，或者单击"添加新操作"下拉列表框右侧的下拉按钮，在打开的下拉列表中选择，或者从"操作目录"窗格双击某个操作来添加新操作。

7.1.4　宏操作

Access2016 提供了多种宏操作命令，用户可以从中进行选择，以创建自己的宏，常用的宏操作命令及功能如下。

7.1.4.1　窗口管理

CloseWindow：关闭指定的窗口。如果无指定的窗口，则关闭当前的活动窗口。

MaximizeWindow：最大化活动窗口。

MinimizeWindow：最小化活动窗口。

RestoreWindow：将最大化或最小化窗口还原到原来大小。

MoveAndSizeWindow：移动并调整活动窗口。

7.1.4.2　宏命令

CancelEvent：取消导致该宏运行的事件。

RunCode：运行 Visaul Basic 的函数过程。

RunMacro：运行一个宏。

StopMacro：停止当前正在运行的宏。

StopAllMacro：终止所有正在运行的宏。

OnError：定义错误处理行为。

SingleStep：暂停宏的执行并打开"单步执行"对话框。

RemoveTempVar：删除一个临时变量。

RemoveAllTempVar：删除所有临时变量。

RunMenuCommand：执行菜单命令。

SetLocalVar：将本地变量设置为给定值。

SetTempVar：将临时变量设置为给定值。

7.1.4.3 筛选 / 查询 / 搜索

FindRecord：查找符合指定条件的第一条记录或下一条记录。

FindNextRecord：查找下一个符合前一个 FindRecord 的操作或"查找和替换"对话框中指定条件的记录。

OpenQuery：打开选择查询或交叉表查询，或者执行操作查询。查询可在"数据表"视图、"设计视图"或"打印预览"中打开。

ShowAllRecords：从激活的表、查询或窗体中删除所有已应用过的筛选，并且显示表或结果集合，或窗口的基本表或查询中的所有记录。

Requery：通过重新查询控件的数据源来更新活动对象上指定控件中的数据。如果未指定控件，此操作将重新查询对象本身的源。使用此操作可确保活动对象或控件之一显示最新数据。

ApplyFilter：将筛选器、查询或 SQL WHERE 子句应用于表 、窗体或报表以限制或排序表中的记录，或者窗体或报表的基础表或查询中的记录。

SetOrderBy：对表中的记录，或者窗体、报表的基础表，或查询中的记录应用排序。

7.1.4.4 数据导入 / 导出

AddContactFromOutlook：添加自 Outlook 中的联系人。

EMailDatabaseObject：在电子邮件中包括指定的 Access 数据表、窗体、报表或模块，可在其中查看和转发。

ExportWithFormatting：将指定的 Access 数据库对象（数据表、窗体、报

表或模块）中的数据输出为多种输出格式。

SaveAsOutlookContact：将当前记录保存为 Outlook 联系人。

WordMailMerge：执行邮件合并操作。

7.1.4.5 数据库对象

GoToControl：将焦点移动到激活的数据表或窗体指定的字段或控件上。

GoToPage：将焦点移动到激活窗体指定页的第一个控件上。

GoToRecord：将表、窗体或查询结果中的指定记录设置为当前记录。

OpenForm：在"窗体视图""设计视图""打印预览"，或"数据表"视图中打开窗体。

OpenReport：在"设计视图"或"打印预览"中打开报表，或立即打印该报表。

OpenTable：打开表。

PrintObject：打印当前对象。

SelectObject：选择指定的数据库对象。

7.1.4.6 数据输入操作

DeleteRecord：删除当前记录。

EditListItems：编辑查阅列表中的项。

SaveRecord：保存当前记录。

7.1.4.7 系统命令

Beep: 使计算机发出嘟嘟声。

QuitAccess: 退出 Microsoft Access。

CloseDatabase：关闭当前数据库。

7.1.4.8 用户界面命令

AddMenu：为窗体或报表将菜单添加到自定义菜单栏。

Echo：指定是否打开响应。

MessageBox：显示含有警告或提示消息的消息框。

Redo：重复最近的用户操作。

UndoRecord：撤销最近的用户操作。

7.2　宏的创建和设计

　　创建一个宏，主要用到宏设计窗口和宏设计工具栏，与传统意义上的程序设计有很大的区别。用户无须编写程序代码，只需指定宏名、添加操作、设置参数、提供注释说明等。一般流程为：在宏设计窗口根据需要选择宏操作，设置参数，保存后测试运行。如果有错误调试除错，最后得到功能正确的宏。

7.2.1　创建独立的宏

　　如果希望在应用程序中重复使用宏，可把宏定义为独立的宏，这些宏会显示在导航窗格"宏"中，是一个独立的对象。可以通过在"导航窗格"中双击"宏"的名字或者在"宏"的名字上点击右键选择"运行"，或者在"设计视图"下单击"宏工具／设计"选项卡→"工具"→"运行"按钮等方式运行宏。此外，还可以通过窗体、报表或控件的任何事件来调用。

　　创建独立宏的操作步骤如下：

　　（1）单击"创建"选项卡→"宏与代码"→"宏"按钮，打开宏生成器，如图 7-1 所示。

　　（2）在宏设计窗口可以通过直接在"添加新操作"下拉列表框中输入宏操作名称或者单击"添加新操作"下拉列表框右侧的下拉按钮，在打开的下拉列表中选择或者从"操作目录"窗格双击某个操作来添加新操作，并填写相应的参数。

　　（3）单击快速访问工具栏中的"保存"按钮，弹出"另存为"对话框。在宏名称文本框中输入宏的名称，单击"确定"按钮，保存该宏。

　　如果把宏命名为 Autoexec，则称其为自动运行宏。在打开数据库时该宏会自动运行。因此，如果用户想在打开数据库时自动执行某些操作，可以通过自动运行宏实现。要想在打开数据库时取消自动运行宏，则应在打开数据库时先按住 Shift 键。

【例 7.1】使用 MessageBox 创建显示信息的对话框，命名为"显示信息对话框"。

操作步骤如下：

（1）打开"图书借阅管理"数据库。

（2）单击"创建"选项卡→"宏与代码"→"宏"按钮，打开宏生成器。

（3）在宏设计窗口单击"添加新操作"下拉列表框右侧的下拉按钮，在打开的下拉列表中选择"MessageBox"操作命令，填写各个参数，如图 7-2 所示。

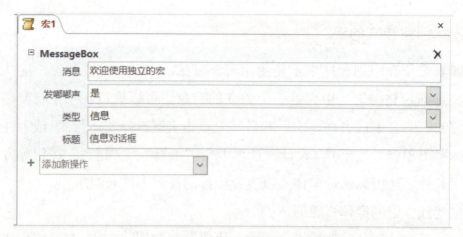

图 7-2 "显示信息对话框"宏的参数设置

（4）单击快速访问工具栏中的"保存"按钮，弹出"另存为"对话框。在宏名称文本框中输入宏的名称"显示信息对话框"，单击"确定"按钮，保存该宏。

（5）单击"宏工具/设计"选项卡→"工具"→"运行"按钮，运行该宏，结果如图 7-3 所示。

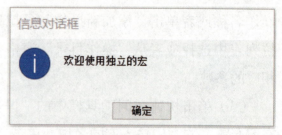

图 7-3 "显示信息对话框"宏的运行结果

【例 7.2】创建宏，其功能是打开已创建的"读者信息录入"窗体，命名为"打开读者信息录入窗体"。

操作步骤如下：

（1）打开"图书借阅管理"数据库。

（2）单击"创建"选项卡→"宏与代码"→"宏"按钮，打开宏生成器。

（3）在宏设计窗口单击"添加新操作"下拉列表框右侧的下拉按钮，在打开的下拉列表中选择"OpenForm"操作命令，填写各个参数，如图 7-4 所示。

图 7-4　"打开读者信息录入窗体"宏的参数设置

（4）单击快速访问工具栏中的"保存"按钮，弹出"另存为"对话框，在宏名称文本框中输入宏的名称"打开读者信息录入窗体"，单击"确定"按钮，保存该宏。

（5）单击"宏工具 / 设计"选项卡→"工具"→"运行"按钮，运行该宏，查看结果。

【例 7.3】创建宏，其功能是打开"读者"表和"河北省外女读者信息查询"查询，然后先关闭查询，再关闭表，关闭之前使用消息框提示操作，命名为"多操作宏"。

操作步骤如下：

（1）打开"图书借阅管理"数据库。

（2）单击"创建"选项卡→"宏与代码"→"宏"按钮，打开宏生成器。

（3）在宏设计窗口单击"添加新操作"下拉列表框右侧的下拉按钮，在打开的下拉列表中选择"OpenTable"操作命令。单击"表名称"下拉按钮，选择"读者"表，其他参数使用默认值。

（4）在宏设计窗口单击"添加新操作"下拉列表框右侧的下拉按钮，在打开的下拉列表中选择"OpenQuery"操作命令。单击"查询名称"下拉按钮，选择"河北省外女读者信息查询",其他参数使用默认值。

（5）在宏设计窗口单击"添加新操作"下拉列表框右侧的下拉按钮，在打开的下拉列表中选择"MessageBox"操作命令，在"消息"文本框输入"关闭查询吗?"，在"标题"文本框输入"提示信息"，其他参数使用默认值。

（6）在宏设计窗口单击"添加新操作"下拉列表框右侧的下拉按钮，在打开的下拉列表中选择"Closewindow"操作命令，单击"对象类型"下拉按钮，选择"查询"，单击"对象名称"下拉按钮，选择"河北省外女读者信息查询"，其他参数使用默认值。

（7）在宏设计窗口单击"添加新操作"下拉列表框右侧的下拉按钮，在打开的下拉列表中选择"MessageBox"操作命令，在"消息"文本框输入"关闭表吗?"，在"标题"文本框输入"提示信息"，其他参数使用默认值。

（8）在宏设计窗口单击"添加新操作"下拉列表框右侧的下拉按钮，在打开的下拉列表中选择"Closewindow"操作命令，单击"对象类型"下拉按钮，选择"表"，单击"对象名称"下拉按钮，选择"读者"，其他参数使用

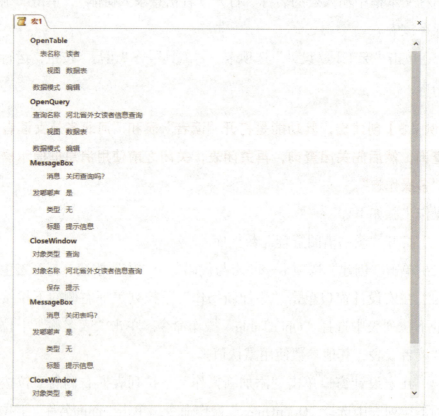

图 7-5 "多操作宏"宏的参数设置

默认值。如图7-5所示。

（9）单击快速访问工具栏中的"保存"按钮，弹出"另存为"对话框，在宏名称文本框中输入宏的名称"多操作宏"，单击"确定"按钮，保存该宏。

（10）单击"宏工具/设计"选项卡→"工具"→"运行"按钮，运行该宏，查看结果。

7.2.2 创建嵌入的宏

前面设计的宏都有宏名，作为对象显示在导航窗格中，可以直接运行。但是有的宏并不作为对象显示在导航窗格中，而成为窗体、报表或控件的一部分，存储在窗体、报表或控件的事件属性中，通过按钮单击事件等触发运行。这种宏每一个都是独立的，只能被窗体或报表中所属的对象使用，这种宏称为嵌入的宏。

创建嵌入的宏时必须先选择要嵌入的事件，然后再编辑嵌入的宏。使用控件向导在窗体中添加命令按钮，也会自动在按钮单击事件中生成嵌入的宏。

【例7.4】在"图书借阅管理系统"窗体通过嵌入式宏实现单击"读者管理"按钮打开"读者信息录入"窗体的功能。

操作步骤如下：

（1）打开"图书借阅管理"数据库。

（2）打开"图书借阅管理系统"窗体，并切换到设计视图。

（3）右击"读者管理"按钮，选择"属性"，打开命令按钮属性表，单击"事件"选项卡，选择"事件属性"并单击按钮，打开"选择生成器"对话框，如图7-6所示。

（4）选择"宏生成器"，单击"确定"按钮，进入宏设计界面。

（5）在宏设计窗口单击"添加新操作"下拉列表框右侧的下拉按钮，在打开的下拉

图7-6 "选择生成器"对话框

列表中选择"OpenForm"操作命令。单击"窗体名称"下拉按钮，选择"读者信息录入"，其他参数使用默认值。

（6）在宏设计界面，单击快速访问工具栏中的"保存"按钮。

（7）单击"宏工具／设计"选项卡→"关闭"→"关闭"按钮。

（8）将"图书借阅管理系统"窗体切换到窗体视图，单击"读者管理"按钮，弹出"读者信息录入"窗体，如图 7-7 所示。

图 7-7　嵌入宏运行结果

7.2.3 创建条件操作宏

在某些情况下，可能希望在满足一定条件时才执行宏中的一个或多个操作，可以使用"操作目录"任务窗格中的"If"流程控制，通过设置条件来控制宏的执行流程，形成条件操作宏。条件是一个逻辑表达式，返回值是真 (True) 或假 (False)，运行时将根据条件结果决定是否执行对应的操作。如果条件结果为 True，则执行此行中的操作；若条件结果为 False，则忽略其后的操作。

创建条件宏的操作方法如下：

（1）创建宏，打开宏设计窗口。

（2）在操作目录的"程序流程"中双击"If"，在宏编辑区添加条件控制语句。

（3）编辑条件的逻辑表达式，在该条件下添加满足条件时的宏操作。

条件是一个逻辑表达式，有时要根据窗体或报表上的控件值来设定条件，这需要引用窗体或报表上控件的值，引用语法为：

Forms![窗体名称]! [控件名称] 或 [Forms]![窗体名称]![控件名称]

Reports![报表名称]! [控件名称] 或 [Reports]![报表名称]! [控件名称]

条件通过流程控制 If 语句实现，可实现单一条件判断，也可以在创建条件操作宏的过程中，使用"Else If"和"Else"块来扩展"If"块，从而实现二条件或多条件判断。

【例 7.5】创建"系统登录"窗体，使用条件宏检验用户输入的用户名和密码是否正确，用户名为 admin，密码为 123456。如果密码正确，关闭"系统登录"窗体，弹出"欢迎您使用图书借阅管理系统！"的消息框，然后打开"图书借阅管理系统"窗体；如果密码不正确则提示"用户名或密码错误，请重新输入！"的消息框。单击"取消"按钮，关闭"系统登录"窗体。

（1）创建"系统登录"窗体。操作步骤如下：

单击"创建"选项卡 →"窗体"选项组→"窗体设计"按钮，打开窗体的设计视图。

单击"设计"选项卡 →"控件"选项组→"标签"按钮 Aa，在窗体主体区单击要放置标签的位置。输入标签内容"用户登录"。在"属性表"窗格中选择"全部"选项卡，设置"字体名称"属性为"宋体"，"字号"属性为20，字体粗细属性为"加粗"。

单击"设计"选项卡 →"控件"选项组→"文本框"按钮 abl，分别在窗体上添加两个文本框，用来输入用户名和密码。"名称"属性分别为"username"和"password"，将 password 文本框的"输入掩码"属性设置为"密码"，两个文本框附加标签的"标题"属性分别设置为"用户名""密码"，"字体名称"属性为"宋体"，"字号"属性为16。

单击"设计"选项卡→"控件"选项组→"命令"按钮🔲，添加两个命令按钮，"名称"属性分别为"cmdok"和"cmdcancel"，"标题"属性分别为"确定""取消"。

单击"设计"选项卡→"控件"选项组→"矩形"按钮□，添加一个"矩形"控件，在"属性表"窗格中选择"全部"选项卡，设置矩形的"名称"属性为"外边框"，"边框宽度"属性设置为"3pt"。

单击"窗体选定器"按钮，再单击"工具"选项组→"属性表"按钮，弹出"属性表"窗格。在"格式"选项卡下"滚动条"属性右侧的下拉列表中选择"两者均无"，在"记录选择器"属性右侧的下拉列表中选择"否"，在"导航按钮"属性右侧的下拉列表中选择"否"，在"分隔线"属性右侧的下拉列表中选择"否"，在"边框样式"属性右侧的下拉列表中选择"对话框边框"，在"控制框"属性右侧的下拉列表中选择"否"，在"最大最小化按钮"属性右侧的下拉列表中选择"无"，在"其他"选项卡下"弹出方式"属性右侧的下拉列表中选择"是"。

单击快速访问工具栏的"保存"按钮，弹出"另存为"对话框，在"窗体名称"文本框中输入窗体的名称"系统登录"，单击"确定"按钮，保存该窗体，如图7-8所示。

（2）创建条件操作宏。操作步骤如下：

单击"创建"选项卡→"宏与代码"选项组→"宏"按钮，打开宏生成器窗口。

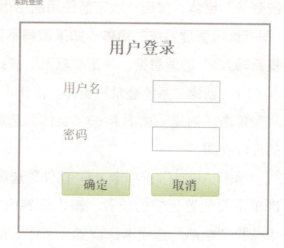

图7-8 "系统登录"窗体的"窗体视图"

从"添加新操作"下拉列表中选择"If"，或者从"操作目录"窗格拖动到宏窗格中，构造"If…Then…Else if…Then…Else…End If"的多分支条件判断，如图7-9所示。先通过IsNull()函数判断用户名和密码是否为空，若两者都不为空，则接着判断用户名和密码是否正确。在用户名和密码都正确的条件下，关闭"系统登录"窗体，弹出"欢迎您使用图书借阅管理系统"的消息框，然后打开“图书借阅管理系统”。

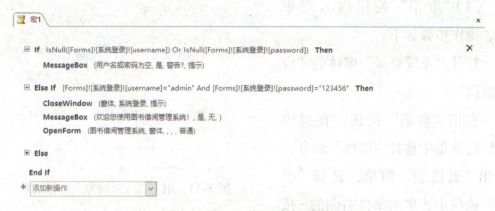

图 7-9 “宏 1”的“设计视图”

单击快速访问工具栏的“保存”按钮，弹出“另存为”对话框，在“宏名称”文本框中输入宏的名称“密码验证”，单击“确定”按钮，保存该宏。

将“系统登录”窗体中的“确定”按钮的单击事件与“密码验证”宏关联，当单击“确定”按钮时就会触发“密码验证”宏执行。打开“系统登录”窗体的“设计视图”，右击“确定”按钮，弹出的快捷菜单中选择“属性”命令，弹出“属性表”窗格，选择“事件”选项卡，单击事件右侧的下拉按钮，选择已经创建好的宏对象“密码验证”，如图 7-10 所示。

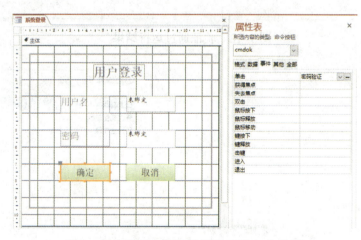

图 7-10 “确定”按钮的单击事件与宏关联

运行“系统登录”窗体，验证密码验证宏。当用户名或密码为空时，运行结果如图 7-11 所示；正确填写用户名 admin 和密码 123456，单击“确定按钮”，运行结果如图 7-12 所示；当用户名或密码输入错误，运行结果如图

7-13 所示。

（3）"取消"按钮嵌入宏创建。操作步骤如下：

打开"系统登录"窗体的"设计视图"。

右击"取消"按钮，在弹出的快捷菜单中选择"属性"命令，弹出"属性表"窗格，选择"事件"选项卡，单击事件右侧的按钮，打开"选择生成器"对话框选择宏生成器，如图 7-14 所示。

图 7-11　用户名或密码为空运行结果

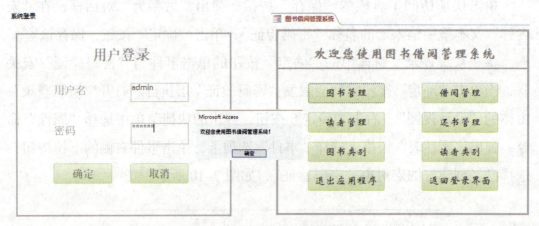

图 7-12　验证通过运行结果

图 7-13　验证不通过运行结果

图 7-14　"选择生成器"对话框

单击"确定"按钮，打开宏生成器窗口。从"添加新操作"下拉列表中选择"CloseWindow"操作命令，填写宏操作参数，如图 7-15 所示。

图 7-15 "取消"按钮嵌入宏

单击快速访问工具栏的"保存"按钮，保存"系统登录"窗体的更改。

运行"系统登录"窗体，单击"取消"按钮，验证"取消"按钮嵌入宏。

7.2.4 创建子宏与宏组

复杂的数据库管理系统需要有很多功能，如果每个功能对应一个宏，在数据库系统中大量的宏集中在一起，不便于维护和管理。这种情况下，可以通过宏组来实现这些功能，在一个宏组内可以有很多子宏，每个子宏都有自己的名字，可以像独立宏一样独立运行。

宏组就是包含一组子宏的宏。

【例 7.6】创建一个宏组"图书借阅管理系统操作"，用来完成"图书借阅管理系统"窗体各按钮的具体功能。宏组的具体操作见表 7-1。

表 7-1 窗体中控件及其设置

宏名	操作	操作参数
图书管理	OpenForm	图书分割窗体
借阅管理	OpenQuery	图书借阅详细信息查询
读者管理	OpenTable	读者表
还书管理	OpenForm	还书查询窗体
图书类别	OpenForm	图书类别表格式窗体

续表

宏名	操作	操作参数
读者类别	OpenForm	读者类别窗体
退出	QuitAccess	
返回	CloseWindow	图书借阅管理系统窗体
	OpenForm	系统登录窗体

操作步骤如下：

（1）单击"创建"选项卡 → "宏与代码"选项组→"宏"按钮，打开宏生成器窗口。

（2）从"添加新操作"下拉列表选择"Submacro"操作命令，输入子宏的名称"图书管理"，单击"添加新操作"文本框，输入"OpenForm"操作命令，按【Enter】键填写参数，如图 7-16 所示。

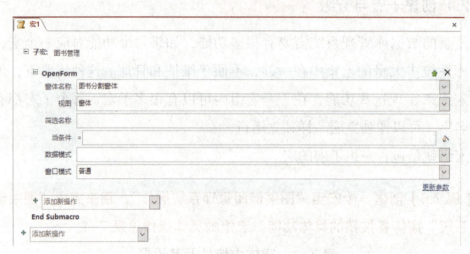

图 7-16 "图书管理"子宏参数设置

（3）从"添加新操作"下拉列表选择"Submacro"操作命令，输入子宏的名称"借阅管理"，单击"添加新操作"文本框，输入"OpenQuery"操作命令，按【Enter】键填写参数，完成"借阅管理"子宏的创建。

（4）从"添加新操作"下拉列表选择"Submacro"操作命令，输入子宏的名称"读者管理"，单击"添加新操作"文本框，输入"OpenTable"操作命令，按【Enter】键填写参数，完成"读者管理"子宏的创建。

（5）从"添加新操作"下拉列表选择"Submacro"操作命令，输入子宏的名称"还书管理"，单击"添加新操作"文本框，输入"OpenForm"操作命令，按【Enter】键填写参数，完成"还书管理"子宏的创建。

（6）从"添加新操作"下拉列表选择"Submacro"操作命令，输入子宏的名称"图书类别"，单击"添加新操作"文本框，输入"OpenForm"操作命令，按【Enter】键填写参数，完成"图书类别"子宏的创建。

（7）从"添加新操作"下拉列表选择"Submacro"操作命令，输入子宏的名称"读者类别"，单击"添加新操作"文本框，输入"OpenForm"操作命令，按【Enter】键填写参数，完成"读者类别"子宏的创建。

（8）从"添加新操作"下拉列表选择"Submacro"操作命令，输入子宏的名称"退出"，单击"添加新操作"文本框，输入"QuitAccess"操作命令，按【Enter】键填写参数，完成"退出"子宏的创建。

（9）从"添加新操作"下拉列表选择"Submacro"操作命令，输入子宏的名称"返回"，单击"添加新操作"文本框，输入"CloseWindow"操作命令，按【Enter】键填写参数；继续单击"添加新操作"文本框，输入"OpenForm"操作命令，按【Enter】键填写参数，完成"返回"子宏的创建。

（10）单击快速访问工具栏的"保存"按钮，弹出"另存为"对话框，在"宏名称"文本框中输入宏的名称"图书借阅管理系统操作"，单击"确定"按钮保存宏组，效果如图 7-17 所示。

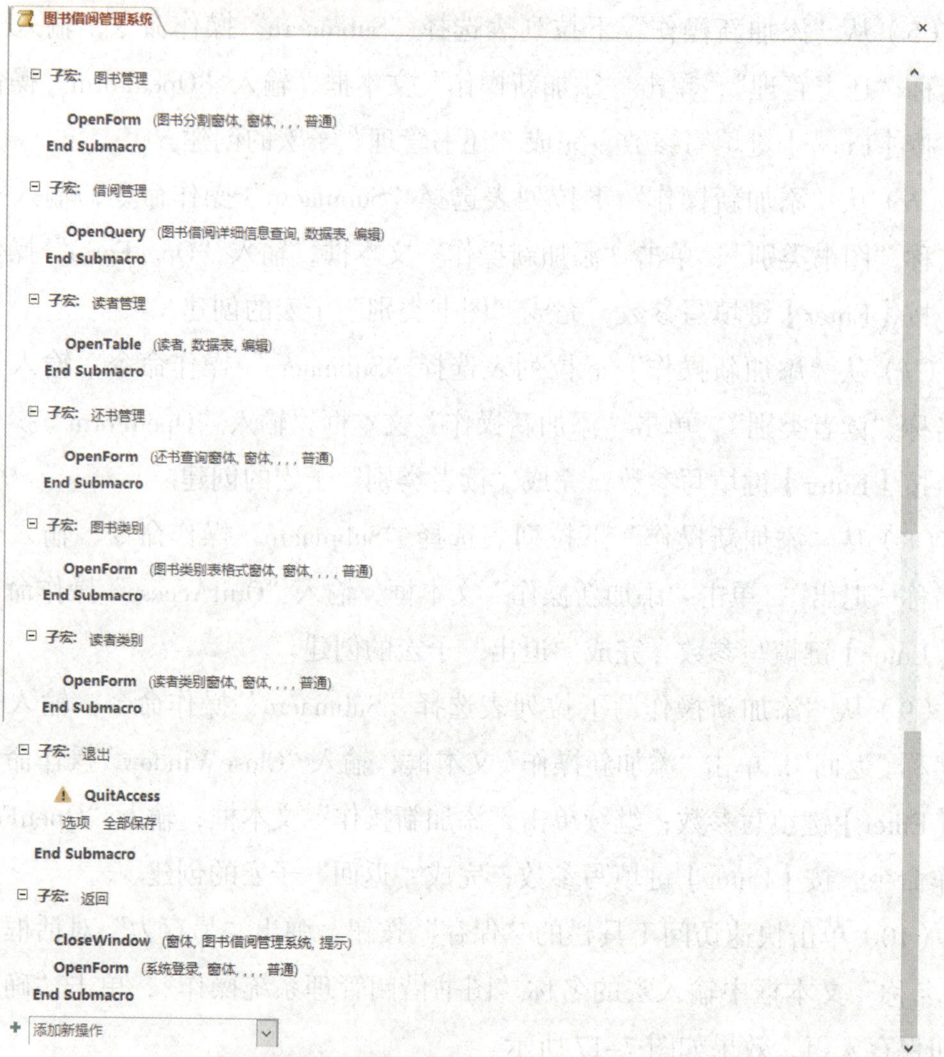

```
□ 子宏：图书管理
        OpenForm (图书分割窗体, 窗体, , , 普通)
    End Submacro

□ 子宏：借阅管理
        OpenQuery (图书借阅详细信息查询, 数据表, 编辑)
    End Submacro

□ 子宏：读者管理
        OpenTable (读者, 数据表, 编辑)
    End Submacro

□ 子宏：还书管理
        OpenForm (还书查询窗体, 窗体, , , 普通)
    End Submacro

□ 子宏：图书类别
        OpenForm (图书类别表格式窗体, 窗体, , , 普通)
    End Submacro

□ 子宏：读者类别
        OpenForm (读者类别窗体, 窗体, , , 普通)
    End Submacro

□ 子宏：退出
    ⚠ QuitAccess
        选项 全部保存
    End Submacro

□ 子宏：返回
        CloseWindow (窗体, 图书借阅管理系统, 提示)
        OpenForm (系统登录, 窗体, , , 普通)
    End Submacro

✚ 添加新操作                    ∨
```

图 7-17 "图书借阅管理系统操作"宏组的"设计视图"

【例 7.7】创建宏组"图书借阅管理系统操作"与"图书借阅管理系统"窗体中按钮的关联。

操作步骤如下：

（1）打开"图书借阅管理系统"窗体的"设计视图"。

（2）右击"图书管理"按钮，在弹出的快捷菜单中选择"属性"命令，弹出"属性表"窗格，选择"事件"选项卡，单击事件右侧的下拉按钮，选择宏对象"图书借阅管理系统操作.图书管理"，如图 7-18 所示。

图 7-18 "图书管理"按钮的"单击"事件

（3）采用同样的方法，给"借阅管理"按钮设置宏对象"图书借阅管理系统操作.借阅管理"；给"读者管理"按钮设置宏对象"图书借阅管理系统操作.读者管理"；给"还书管理"按钮设置宏对象"图书借阅管理系统操作.还书管理"；给"图书类别"按钮设置宏对象"图书借阅管理系统操作.图书类别"；给"读者类别"按钮设置宏对象"图书借阅管理系统操作.读者类别"；给"退出应用程序"按钮设置宏对象"图书借阅管理系统操作.退出"；给"返回登录界面"按钮设置宏对象"图书借阅管理系统操作.返回"。

（4）单击快速访问工具栏上的"保存"按钮，保存窗体的修改。

（5）切换到"图书借阅管理系统"窗体的"窗体视图"，单击各个按钮，查看效果。

7.2.5 创建 AutoExec 宏

AutoExec 宏会在打开数据库时触发，可以利用该宏启动"系统登录"窗体。

【例 7.8】创建 AutoExec 宏自动启动"系统登录"窗体。

操作步骤如下：

（1）单击"创建"选项卡 → "宏与代码"选项组→"宏"按钮，打开宏生成器窗口。

（2）从"添加新操作"下拉列表选择"OpenForm"操作命令，"窗体名称"参数选择"系统登录"，"窗口模式"选择"普通"。

（3）从"添加新操作"下拉列表选择"MoveAndSizeWindow"操作命令，参数设置为右"300"，向下"300"，宽度"8000"，高度"6000"。

（4）单击快速访问工具栏的"保存"按钮，弹出"另存为"对话框，在"宏名称"文本框中输入宏的名称"Autoexec"，单击"确定"按钮保存宏，如图7-19所示。

图 7-19 "Autoexec"宏的"设计视图"

（5）关闭数据库，重新打开数据库时会自动打开"系统登录"窗体，并自动调整窗体的位置。如果不想在打开数据库时运行 Autoexec 宏，可在打开数据库时按【Shift】键。

7.3 宏的运行、调试与修改

对于非宏组的宏，可以直接指定该宏名运行；对于宏组，如果直接指定该宏组名运行宏，则仅运行该宏组的第一个宏名的宏，如果需要运行宏组中的某个宏，可以采用"宏组名.宏名"的方式来运行宏组中指定的宏。

宏设计好后即可运行测试，如果发现问题可以通过调试来定位错误，找出问题所在。调试宏可以使用单步运行的方式来定位和发现错误，也可以使用 OnError 宏操作捕捉和处理错误信息。

7.3.1 宏的运行

运行宏的方法有以下几种：

（1）在"导航窗格"中双击要运行的宏。

（2）在宏的"设计视图"中，单击"宏工具"→"设计"选项卡→"工具"选项组→"运行"按钮。

（3）使用"RunMacro"或"OnError"宏操作调用宏。

（4）将宏嵌入到对象的"事件"属性中，宏将在事件触发时运行。

7.3.2 单步运行方式调试宏

单步运行方式调试宏是通过人工控制一条一条去运行所有宏的操作，每一条宏操作都弹出一个对话框，显示出相应的操作参数信息，如果遇到包含错误的宏操作，就会显示出错误信息，终止后面的宏操作。这样可以定位错误出在何处，找出有问题的宏操作。

【例 7.9】单步运行"图书借阅管理"数据库中的"密码验证"宏。

操作步骤如下：

（1）打开"密码验证"宏的设计视图。

（2）在宏的"设计视图"中，单击"宏工具"→"设计"选项卡→"工具"选项组→"单步"按钮，如图 7-20 所示。

图 7-20 设置单步运行

（3）运行"系统登录"窗体，输入正确的用户名和密码，单击"确定"按钮。

（4）系统就会弹出"单步执行宏"对话框，如图 7-21 所示，是执行到条件判断 IsNull([Forms]![系统登录]![username]) Or IsNull([Forms]![系统登

录]![password]) 为假时即将运行 MessageBox 情况。

单步执行宏

宏名称：

密码验证

单步执行(S)

停止所有宏(T)

条件：

假: IsNull([Forms]![系统登录]![username]) Or IsNull([Forms]![系统登

继续(C)

操作名称：

错误号(N):

0

参数：

图 7-21 "单步执行宏" 对话框

（5）单击"单步执行"按钮，接着执行后面的操作，也可以单击"停止所有宏"终止宏的执行。

（6）假设将"密码验证"宏中的"图书借阅管理系统"窗体误写成"图书借阅系统"窗体，重新打开"系统登录"窗体运行"密码验证"宏，单步执行到步骤 5 后将出现图 7-22 所示的错误提示。

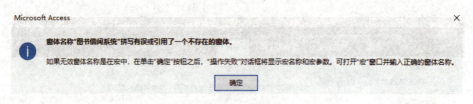

图 7-22　错误提示

7.3.3 OnError 宏操作处理错误信息

OnError 宏操作在宏运行发生错误时被执行，指示如何处理错误。OnError 宏操作在错误发生时有 3 种处理错误的方式：第一种是继续执行下一条操作，好像错误被忽略一样；第二种跳转到用户自定义错误处理宏中；第三种停止当前宏，并显示错误消息。这3种处理方式对应 OnError 宏操作3种不同的参数设置见表7-2。

表7-2　OnError 宏操作参数

参数	功能
下一个	宏将继续执行下一步操作
宏名	停止当前宏并运行以宏名参数的子宏
失败	将停止当前宏，并显示一条错误消息

在宏运行中发生错误时，有关错误的信息存储在 MacroError 对象中。可以通过 MacroError 对象的相关属性来查看出错原因。MacroError 对象有6种属性，见表7-3。它只能记录一个错误信息，如果在一个宏中出现多个错误，MacroError 对象将包含最后一个出错信息。

表7-3　MacroError 对象属性

参数	功能
ActionName	出错时所执行的宏操作的名称
Arguments	发生错误时正在执行的宏操作的参数
Condition	发生错误时正在执行的宏操作的条件
Description	描述当前错误信息的文本
MacroName	发生错误时正在执行的宏的名称
Number	当前的错误类型号

【例7.10】若在"图书借阅管理"数据库中的"密码验证"宏中，将"图书借阅管理系统"窗体误写成"图书借阅系统"窗体，请使用 OnError 宏操作显示错误信息。

操作步骤如下：

（1）打开"密码验证"宏的设计视图。

（2）在"密码验证"宏开头添加 OnError 宏操作，其参数设置如图7-23所示。功能是当"密码验证"宏发生错误时，跳转到 ErrorHandler 子宏来处理。

图 7-23　OnError 宏操作处理错误

（3）在"密码验证"宏尾部添加子宏 ErrorHandler，参数设置如图 7-23 所示。功能是通过 MacroError 的 Description 属性获取错误说明文本，并通过 MacroError 的 ActionName 属性获取出错时所执行的宏操作的名称，并用 MessageBox 宏将这些错误信息显示出来。

（4）打开"系统登录"窗体，输入正确的用户名和密码，单击"确定"按钮运行"密码验证"宏，将显示出如图 7-24 所示的错误信息提示框。

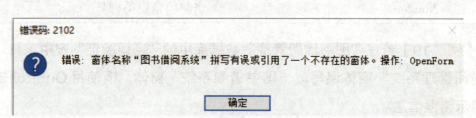

图 7-24　错误信息提示框

习 题

1. 选择题

（1）下列操作中，适合使用宏的是（　　）。

    A. 修改数据表结构　　　　　　　　B. 创建自定义过程

    C. 打开或关闭报表　　　　　　　　D. 处理报表中的错误

（2）宏操作不能处理的是（　　）。

    A. 打开表　　　　　　　　　　　　B. 显示提示信息

    C. 打开或关闭窗体　　　　　　　　D. 对错误进行处理

（3）使用宏组的目的是（　　）。

    A. 设计出功能复杂的宏　　　　　　B. 对多个宏进行组织和管理

    C. 减少存储空间　　　　　　　　　D. 设计出包含大量操作的宏

（4）在宏表达式中要引用报表 rptT 上的控件 txtName 的值，使用的表达式是（　　）。

    A. [txtName]　　　　　　　　　　　B. [rptT]![txtName]

    C. [Reports]![rptT]![txtName]　　　　D. [Forms]![rptT]![txtName]

（5）宏组中宏的调用格式是（　　）。

    A. 宏组名.宏名　　　　　　　　　　B. 宏名

    C. 宏名.宏组名　　　　　　　　　　D. 宏组名!宏名

（6）打开查询的宏操作是（　　）。

    A. OpenTable　　　　　　　　　　　B. OpenQuery

    C. OpenForm　　　　　　　　　　　D. OpenReport

（7）条件宏的条件项是一个（　　）。

    A. 字段　　　　　　　　　　　　　B. 算术表达式

    C. 逻辑表达式　　　　　　　　　　D. 关系表达式

（8）宏操作 QuitAccess 的功能是（　　）。

    A. 关闭表　　　　　　　　　　　　B. 退出查询

    C. 退出宏　　　　　　　　　　　　D. 退出 Access

（9）Access 2016 中自动启动宏的名称是（　　）。

    A. autoexec.exe　　　　　　　　　　B. autoexec

    C. autoexec.dat　　　　　　　　　　D. auto

（10）在数据库中已经设置了自动启动宏 autoexec，如果在打开数据库时不想运行 Autoexec 宏，可在打开数据库时按（   ）键。

A.【Shift】键   B.【Ctrl】键

C.【Tab】键   D.【Enter】键

（11）在宏表达式中要引用窗体 F1 上的文本框控件 text1 的值，应使用的表达式是（   ）。

A. [text1]   B. [F1]![text1]

C. [Reports]![F1]![text1]   D. [Forms]![F1]![text1]

（12）在宏的调试中，可配合使用设计器上的（   ）工具按钮。

A. 运行   B. 调试

C. 单步   D. 操作

（13）下列属于通知或警告用户的命令是（   ）。

A. QuitAccess   B. MessageBox

C. PrintOut   D. OnError

（14）要限制宏命令的操作范围，可以在创建宏时定义（   ）。

A. 宏操作对象   B. 宏名称

C. 宏条件表达式   D. 宏属性

2. 填空题

（1）宏是一个或多个_____的集合。

（2）打开一个报表应该使用的宏操作为_____。

（3）宏的调试可以采用的方式有_____和_____，通过_____可以一步一步的检查宏中的错误操作。

（4）关闭指定的窗口，使用的宏命令是_____。

3. 操作题

依次完成例 7.1~ 例 7.10 中的所有操作。

第 8 章

模块与 VBA 编程

VBA(Visual Basic for Application) 是 Visual Basic 语言在 Office 编程中的应用。VBA 就是用来创建 Access 模块对象的编程语言，而模块的作用是包含 VBA 代码，如果要写 VBA 代码，必须要把它放在模块之中。本章主要介绍 VBA 编程环境、VBA 编程的基本概念、VBA 程序设计基础、VBA 程序控制语句、面向对象程序设计的基本概念、VBA 模块的创建、过程调用和参数传递、VBA 常用操作、VBA 的数据库编程技术和 VBA 程序调试与错误处理等。

8.1 VBA 编程环境

在 Access 中，提供 VBA 的开发界面称为 Visual Basic 编辑器（VBE，Visual Basic Editor），可以在 VBE 窗口中编写和调试模块程序。VBE 提供了完整的开发和调试工具，可以用于创建和编辑 VBA 程序。

8.1.1 进入 VBA 编程环境 –VBE 窗口

进入 VBE 编程环境窗口有 5 种方式：

（1）在数据库中，单击"数据库工具"选项卡→"宏"组→"Visual Basic"，如图 8-1 所示。

图 8-1　数据库工具选项卡

（2）在数据库中，单击"创建"选项卡→"宏与代码"选项组→"Visual Basic"。

（3）创建新的标准模块：单击"创建"选项卡→"宏与代码"选项组→"模块"，则在 VBE 编辑器中创建一个空白模块。

（4）如果已有一个标准模块，可选择"导航窗格"窗口上的"模块"对象，在模块对象列表中双击选中的模块，则在 VBE 编辑器中打开该模块。

（5）对于属于窗体或报表的模块，可以通过打开窗体或报表的设计视图，单击属性表窗口的"事件"选项卡中某个事件框右侧的"生成器"按钮，打开"选择生成器"对话框，选择其中的"代码生成器"选项，如图 8-2 和图 8-3 所示。

图 8-2　属性表窗口

图 8-3　选择生成器对话框

8.1.2　VBE 窗口简介

VBE 主窗口包括菜单栏、工具栏、工程资源管理器、代码窗口、属性窗

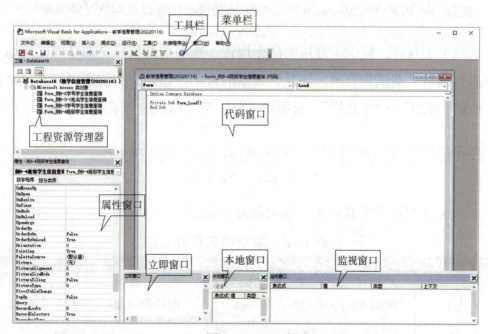

图 8-4　VBE 窗口

口、立即窗口、监视窗口等。这些窗口模块可以通过视图菜单中的相应命令进行显示和隐藏，其主界面如图 8-4 所示。

（1）菜单栏：是 VBE 窗口最重要的组成，包括文件、编辑、视图、插入、格式、调试、运行、工具、外接程序、窗口和帮助等 11 个菜单项，使用这些菜单项可以完成编辑器几乎所有的功能，具体的菜单名称及功能见表 8-1。

表 8-1　菜单项名称及功能

菜单	说明
文件	实现文件的保存、导入、导出、打印等基本操作
编辑	进行文本的剪切、复制、粘贴、查找等编辑命令
视图	用于控制 VBE 的视图显示方式
插入	能够实现过程、模块、类模块或文件的插入
调试	调试程序的基本命令，包括编译、逐条运行、监视、设置断点等
运行	运行程序的基本命令，包括运行、中断运行等
工具	用来管理 VB 类库的引用、宏以及 VBE 编辑器设置的选项
外接程序	管理外接程序
窗口	设置各个窗口的显示方式
帮助	用来获取 Microsoft Visual Basic 的链接帮助以及网络帮助资源

（2）工具栏：提供了常用的命令按钮，能够帮助我们更加高效便捷地对程序进行编辑、调试和管理。除默认显示的常用按钮外，我们还可以通过选择菜单中的"视图"→"工具栏"，对编辑、调试等工具栏进行显示，如图 8-5 所示。

图 8-5　VBE 工具栏

表 8-2 列出了工具栏上按钮名称及功能。

表 8-2　菜单项名称及功能

按　钮	名称	功能
	视图 Microsoft Office Access	切换到 Access 的数据库窗口
	插入模块	用于插入新模块

续表

按　钮	名　称	功　能
▶	运行子过程 / 用户窗体	运行模块中的程序
❚❚	中断	中断正在运行的程序
■	重新设置	结束正在运行的程序
⬊	设计模式	在设计模式和非设计模式之间切换
🗔	工程资源管理器	用于打开工程资源管理器
🖼	属性窗口	用于打开属性窗口
🗂	对象浏览器	用于打开对象浏览器
行 4, 列 8	行列	代码窗口中光标所在的行号和列号

（3）工程资源管理器：工程资源器窗口列出了在应用程序中用到的模块。可单击"查看代码"按钮🗔显示相应的代码窗口，或单击"查看对象"按钮🗔显示相应的对象窗口，也可单击"切换文件夹"按钮📁隐藏或显示对象文件夹。使用该窗口，可以在数据库内各个对象之间快速地浏览。

（4）代码窗口：VBA 中必不可少的、最常用的窗口。当用户在工程资源管理器中双击某个对象时，其对应的代码窗口会自动打开，用户可以在其中编辑和调试代码。工程资源管理器中每个对象都对应着一个代码窗口。当多个代码窗口同时打开时，只有一个处于活动状态。

（5）属性窗口：属性窗口列出了工程资源管理器中所选对象的所有属性以及属性的值。用户可以在"按字母序"选项卡或者"按分类序"选项卡中查看或编辑对象属性。当选取多个控件时，属性窗口会列出所选控件的共同属性。

（6）立即窗口：在调试程序过程，用户如果要测试某个语法或者查看某个变量的值，就需要用到立即窗口。在代码窗口中编

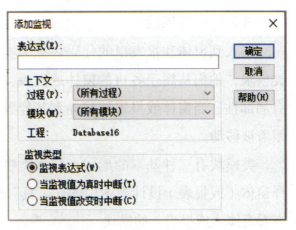

图 8-6　"添加监视"对话框

写代码时，要在立即窗口打印变量或表达式的值，可以使用 Debug.Print 语句。在立即窗口中使用"?"或"Debug.Print"语句显示表达式的值。

（7）本地窗口：在本地窗口中，可自动显示出所有在当前过程中的变量声明及变量值。

（8）监视窗口：如果要在程序中监视某些表达式的变化，可以在监视窗口中右击，然后在弹出的快捷菜单中选择"添加监视"命令，将弹出如图 8-6 所示的"添加监视"对话框。在该"对话框"中输入要监视的表达式，则可以在监视窗口中查看添加的表达式的变化情况。

8.2 VBA 模块

模块是由 VBA 语言编写的程序集合，由于模块是基于语言创建的，所以它具有比 Access 数据库中其他对象更加强大的功能。模块可以在模块对象中出现，也可以作为事件处理代码出现在窗体和报表对象中。模块构成了一个完整的 Access 2016 的集成开发环境。

8.2.1 模块类型

8.2.1.1 类模块

嵌入到窗体和报表里的代码块称为类模块，窗体模块和报表模块都属于类模块，他们从属于各自的窗体或报表，因而只能在窗体或报表中使用，具有局部性。当窗体或报表被移动到其他数据库时，对应的模块代码通常也会跟着被移动。

类模块有三种基本的形式：窗体类模块、报表类模块和自定义模块。选择窗体（或报表）设计视图中的"工具"选项组 →"查看代码"命令，可以查看窗体（或报表）的模块

8.2.1.2 标准模块

当应用程序庞大复杂时，可创建一个独立的模块来实现代码的共用，这个独立的模块就是标准模块。标准模块用于存放供其他数据库对象或代码使用的公共过程，因而一般不与任何具体的窗体或控件相关联。

8.2.2 VBA 代码编写模块

模块的作用是为了包含 VBA 代码，如果要写 VBA 代码，必须要把它放在模块之中。模块以 VBA 语言为基础编写，是以过程为单元的代码集合。通常，每个模块由声明和过程两部分组成。声明区域主要进行变量、常量或自定义数据类型的声明，Access 中的过程包括 Sub 子过程和 Function 函数过程两种类型。

8.2.2.1 .Sub 子过程

Sub 子过程的定义格式为：

> Sub 子过程名 ([< 形参列表 >])
>
> > [VBA 程序代码]
>
> End Sub

Sub 子过程执行 VBA 代码中的语句来完成相应的操作，子过程无返回值。

8.2.2.2 Function 函数过程

函数过程的定义格式为：

> Function 函数名 ([< 形参列表 >]) As 返回值类型
>
> > [VBA 程序代码]
>
> End Function

Function 函数过程执行后有返回值。

具体编写模块的过程请参见本章的 8.6.2 和 8.6.3 节。

8.2.3 将宏转换为模块

在 Access 系统中，无论是附加到窗体或报表中的宏，还是不附加于窗体或报表的全局宏，都可以被转换为模块。

8.2.3.1 将附加到窗体或报表的宏转换为模块

（1）在"导航窗格"中右击窗体或报表，单击"设计视图"，打开窗体或报表的设计视图模式。

（2）选择"设计"选项卡→"工具"选项组→"将窗体的宏转换为 Visual Basic 代码"或"将报表的宏转换为 Visual Basic 代码"命令。

（3）在弹出的"转换窗体宏"或者"转换报表宏"对话框中，选择是否给生成带函数加入错误处理以及是否包含宏注释，单击"转换"按钮。

（4）单击"工具"选项组→"查看代码"。

8.2.3.2 将全局宏转换为模块

（1）在"导航窗格"中右击需要转换的宏，单击"设计视图"。

（2）选择"设计"选项卡→"工具"选项组→"将宏转换为 Visual Basic 代码"命令。

（3）在弹出的"转换宏"对话框中，选择是否给生成带函数加入错误处理以及是否包含宏注释，单击"转换"按钮，Access 将自动转换宏并打开 Visual Basic 代码编辑器。

（4）查看和编辑 VBA 代码。

8.2.4 在模块中执行宏

在模块的定义过程中，使用 Docmd 对象的 RunMacro 方法，可以执行设计好的宏。其调用格式为：

DoCmd.RunMacro 宏名 [, 重复次数][, 重复条件]

参数"宏名"表示当前数据库中宏的名称；

参数"重复次数"为可选项，用来指定宏运行次数；

参数"重复条件"为可选项，用来指定宏执行条件的表达式，在每一次运行宏时进行求值，结果为 False 时停止运行宏。

8.3　VBA 程序设计基础

在 Access 中编写程序使用的语言是 Visual Basic for Application，简称 VBA。在进行程序设计的过程中，一条语句能够执行一定任务，而一个程序的功能是通过执行若干条语句来实现的。VBA 中的一条语句包含关键字、运算符、变量、常量和表达式等。

8.3.1　VBA 语句书写规则

8.3.1.1　程序语句书写规则

通常将一个语句写在一行，以回车换行作为语句的结束符。例如：

p = (y − 100) * 0.96 + 100 * 0.48

但是如果一条语句比较长，可以使用续行符（下划线 _）将语句连接到下一行。例如：

p = (y − 100) * 0.96_

　　　　+100 * 0.48

有时需要在一行中写几句代码，这时可使用冒号（：）将几个语句并列在同一行。例如：

Txt1.Value = "" : Txt2.Value = ""

另外，当输入一行语句并按下回车键后，如果该行代码以红色文本显示（有时伴有错误消息框出现），则表明该行语句存在语法错误，应检查并更正。

8.3.1.2　注释语句

注释语句多用来说明程序中某些语句的功能和作用，适量的注释语句会增强代码的可读性。注释可以通过以下两种方式实现：

（1）使用 Rem 语句注释，格式为：

Rem 注释语句

这种方式要求 Rem 关键字必须出现在一条语句的开头。

（2）使用英文单引号 "'" 注释，格式为：

' 注释语句

这种方式下既可以在句首注释，也可以在句中注释。

注意：凡是注释文字，默认以绿色文字显示。程序在执行时对注释文字直接跳过，不做任何处理。

8.3.1.3 书写格式

为了增加程序的可读性，可以利用空格、空行、缩进使得程序层次分明。

8.3.2 VBA 数据类型

在 VBA 中的数据表示主要体现为数据类型。VBA 要求在定义所有数据的时候都要指定数据的类型。在程序设计语言中，一般都会提供几种不同的数据类型，以满足程序设计的要求。必须定好数据类型，选择占用字节最少、又能很好地处理数据的类型，才能保证程序运行更快。

8.3.2.1 基本数据类型

表 8-3 为 VBA 程序中规定的基本数据类型的字节长度和取值范围。

表 8-3　VBA 的基本数据类型

数据类型	类型标识	符号	占用字节	取值范围
字节型	Byte	无	1 字节	0~255
整型	Integer	%	2 字节	-32768~32767
长整型	Long	&	4 字节	-2147483648~2147483647
单精度	Single	!	4 字节	负数：-3.402823E38~-1.401298E-45 正数：1.401298E-45~3.402823E38
双精度	Double	#	8 字节	负　数：-1.79769313486232E308~-4.9406545841247E-324 正数：4.9406545841247E-324~1.79769313486232E308
货币型	Currency	@	8 字节	-922337203685477.5808~922337203685477.5807
日期型	Date	无	8 字节	100 年 1 月 1 日 ~9999 年 12 月 31 日
字符串型	String	$	不定	0~65535 个字符
布尔型	Boolean	无	2 字节	True、False

续表

数据类型	类型标识	符号	占用字节	取值范围
对象型	Object	无	4 字节	任何对象引用
变体型	Variant	无	不定	由最终的数据类型决定

8.3.2.2 用户自定义数据类型

当需要使用一个变量来保存包含不同数据类型字段的数据表的一条或多条记录时，可以自定义一个数据类型。定义格式如下：

Type ＜自定义类型名＞

 ＜元素名＞As ＜数据类型＞

 ＜元素名＞As ＜数据类型＞

 …

End Type

【例 8.1】定义一个联系人信息的数据类型如下：

Type lianxiren

 name As String

 sex As String

 age As Integer

 phone As String

 address As String

End Type

上述例子定义了一个由 name（姓名）、sex（性别）、age（年龄）、phone（电话号码）、address（地址）5 个分量组成的名为 lianxiren 的数据类型。

用户在自定义数据类型时，首先要在模块区域中定义用户数据类型，然后以 Dim、Public 或 Static 关键字来定义这一用户自定义类型的变量。声明变量的方法参见 8.3.3 节。

用户在定义数据类型变量的取值时，可以指明变量名及分量名，两者之间用句点分隔。

【例 8.2】声明一个联系人信息类型的变量 record，并对分量进行赋值。

Dim record As lianxiren   ' 定义一个 lianxiren 类型变量 record

record.name = " 张涛 "

record.sex = " 男 "

record.age = 23

record.phone = "18812345678"

record.address = " 河北省保定市莲池区桃源路 168 号 "

8.3.3 变量与常量

变量是在程序运行过程中可以被重新赋值、改变其存储内容的量。每个变量对应一段特定的计算机内存，由一个或者多个连续的字节构成。每个变量都有一个变量名，所存储的数据称为该变量的值。将一个数据存储到变量这个存储空间，称为赋值。在定义变量时赋值，称为赋初值，而这个值称为变量的初值。

8.3.3.1 变量的命名规则

在 VBA 程序设计中声明变量时，必须要遵循以下规则。

（1）变量名必须以字母开头，只能由字母、数字、汉字和下划线组成，不能含有空格和除了下划线字符外的其他任何标点符号。

（2）变量名不区分字母的大小写。例如，若以 AB 命名一个变量，则 AB、Ab、aB 都被认为是同一个变量。

（3）变量名长度不能超过 255。

（4）变量名不能和 VBA 关键字同名（如 for，if，end，as，select 等）。

【示例】"a" "b1" "c_2" "dE3_4f" 是合法的变量名；但 "1a" "b.1" "c-2" "d?E" "f g" "for" 是非法的变量名。

8.3.3.2 变量的声明

变量一般应先声明再使用。变量声明有两个作用：一是指定变量的数据类型，二是指定变量的适用范围。声明变量要使用 Dim 语句，Dim 语句的格式为：

Dim 变量名 [As 类型关键字] [, 变量名 [As 类型关键字]] [⋯]

该语句的功能是：变量声明，并为其分配存储空间。Dim 是关键字，As 用以指明变量的数据类型。注意：如果省略 "As 类型关键字" 部分，则默认该变量为变体类型 "Variant"。

例如：

Dim a As Integer

Dim b As Long, c as String, d

以上语句的功能是声明变量 a 是整型，b 是长整型，c 是字符串型，d 是 Variant 型。

需要注意的是，虽然默认声明变量很方便，但可能会在程序代码中导致严重的错误。因此，使用变量前声明变量是一个很好的编程习惯。

采用显式声明变量，可以使程序更加简洁易读，有效避免出现一些不易查找的错误。在 VBE 中，也可设置强制显式声明，操作方法如下：

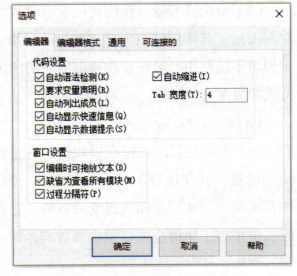

图 8-7　设置强制显示声明

（1）在 VBE 窗口中，选择 "工具" → "选项" 命令，打开 "选项" 对话框。

（2）选择 "编辑器" 选项卡，然后勾选 "代码设置" 选项中的 "要求变量声明" 复选框，点击 "确定" 按钮，如图 8-7 所示。

当设置强制显式声明后，所有新建模块的通用声明段将自动添加 OptionExplicit 语句，也可以直接在代码窗口的通用声明段加上 Option Explicit 语句。

8.3.3.3 变量的作用域

变量可以被访问的范围称为变量的作用范围，即变量的作用域。变量的作用域确定了能够使用该变量的那部分代码，一旦超出了作用范围，就不能引用它的内容。除了可以使用 Dim 语句进行变量声明外，还可以用 Static、Private 或 Public 语句声明变量。根据声明语句和声明变量的位置不同，可将变量的作用域分为 3 个层次：局部变量、模块级变量和全局变量。

（1）局部变量。在模块的过程内部声明的变量称为过程级变量，即局部变量。其作用域是局部的，仅在声明变量的过程范围中有效。用 Dim 或者 Static 关键字来声明它们。例如：

Dim A As Integer

或

Static A As Integer

（2）模块级变量。在模块的所有过程之外的起始位置声明的变量称为模块级变量，其作用域在定义该变量的模块中的所有子过程和函数过程，但其他模块不能使用。可在模块顶部的声明段用 Private 关键字声明变量，从而建立模块级变量。例如：

Private A As Integer

（3）全局变量。在标准模块的所有过程之外的起始位置声明的变量称为全局变量。其作用域为整个应用程序，所有标准模块和类模块的所有过程中都能使用。和所有模块级变量一样，它在模块顶部的声明中来声明公用变量，但是为了使得全局变量也能被其他模块使用，可用 Public 关键字声明变量。例如：

Public A As Integer

用户不能在过程中声明公用变量，而在模块中声明的变量可用于所有模块。

8.3.3.4 变量的生存期

变量的生存期是指变量在运行时的持续时间。从变量的声明开始，变量分配到内存单元；当代码执行完毕，变量释放占用的内存单元。我们按变量的生存期可将变量分为动态变量和静态变量。

（1）动态变量。在过程中用 Dim 语句声明的局部变量属于动态变量，它的生存期是从进入过程（Sub）开始，到退出过程（End Sub）时结束。

（2）静态变量。在过程中用 Static 语句声明的局部变量属于静态变量，它的生存期是整个模块执行的时间。

8.3.3.5 数据库对象变量

Access 建立的数据库对象及其属性，均可被看成是 VBA 程序代码中的变量及其指定的值来加以引用。例如，Access 中窗体与报表对象的引用格式为：

Forms! 窗体名称 ! 控件名称 [. 属性名称]

Reports! 报表名称 ! 控件名称 [. 属性名称]

关键字 Forms 或 Reports 分别表示窗体或报表对象集合。感叹号分隔开对象名称和控件名称。"属性名称"部分缺省为控件基本操作。

8.3.3.6 数组

数组是相同数据类型的元素按一定顺序排列的集合，即把有限个类型相同的变量用一个名字命名，然后用编号区分他们的变量的集合。这个名字称为数组名，编号成为下标。一般使用 Dim 语句来声明数组。

（1）一维数组。声明一维数组的语句格式：

Dim 数组名 ([下标下界 to] 下标上界) [As 数据类型]

说明：①"数组名"的命名规则与"变量名"的命名规则相同。②"下标下界"与"下标上界"必须是常量，不能是表达式或变量。如果省略了"下标下界 to"部分，则默认该数组的下标下界为"0"。③ 如果省略"As 数据类型"部分，则默认数组为变体类型（Variant）。如果声明了数组的数据类型，则数组中全部元素都初始化为该数据类型默认值（数值型变量的默认值为"0"，字符串型变量的默认值是空字符串（""），布尔型变量的默认值是"False"）。

【例 8.3】声明一个一维数组 A，类型为整型，数组下标为 1~3。

Dim A(1 to 3) As Integer

声明的数组变量 A，包含了 3 个数组元素，即 A(1)、A(2) 和 A(3)。

【例 8.4】声明一个一维数组 B，类型为单精度型，数组下标为 0~3。

Dim B(3) As Single

声明的数组变量 B，包含了 4 个数组元素，即 B(0)、B(1)、B(2) 和 B(3)。

（2）二维数组。声明二维数组的语句格式：

Dim 数组名 ([下标下界 i to] 下标上界 i, [下标下界 j to] 下标上界 j) [As 数

据类型]

下标下界 i 表示该二维数组的行下标，下标下界 j 表示该二维数组的列下标。

【例 8.5】定义一个 2 行 3 列的二维数组，数组名是 C，类型是整型。

Dim C(1 To 2, 1 To 3) As Integer（表 8-4）

定义了一个 2 行 3 列的二维数组，数组名是 C，类型是整型，一共包含 6 个元素，并按照先行后列的顺序排列。

表 8-4　二维数组 C 的 6 个元素

项目	第 1 列	第 2 列	第 3 列
第 1 行	C(1,1)	C(1,2)	C(1,3)
第 2 行	C(2,1)	C(2,2)	C(2,3)

【例 8.6】定义一个 3 行 2 列的二维数组，数组名是 D，类型是整型。

Dim D(3, 2) As Integer（表 8-5）

表 8-5　二维数组 D 的 6 个元素

项目	第 1 列	第 2 列
第 1 行	D(0,0)	D(0,1)
第 2 行	D(1,0)	D(1,1)
第 3 行	D(2,0)	D(2,1)

（3）多维数组。多维数组的声明语句与二维数组的声明语句类似，只是在数组的下标中加入更多数值，以逗号（,）分隔开，最多可以声明 60 维。

例如：

Dim E(3, 2, 4) As Integer

定义了一个三维数组，数组名是 D，类型是整型，一共包含 60 个元素。此处省略了下标下界，即下界取默认值"0"，则数组元素个数为 $4 \times 3 \times 5 = 60$ 个。

8.3.3.7　常量

常量是在程序执行过程中其数值不发生变化的量。VBA 程序中的常量有直接常量、符号常量和系统常量三种。

（1）直接常量。直接常量就是直接表示的整数、长整数、单精度、双精度、字符串、时间、日期等常数，例如：20、3.14、2.56E+20、" student "、#2022-2-1# 等。

（2）符号常量。符号常量是在一个程序中指定的用名字代表的常量，从字面上不能直接看出它们的类型和值。对于模块中经常出现的常量，可使用符号常量使代码易于维护。

声明符号常量要使用 Const 语句，其格式如下：

Const 常量名 [AS 数据类型]= 表达式

例如：Const PI=3.14

（3）系统常量。Access 系统内部预先定义了系统常量，如 True、False、vbYes、vbNo、vbRed、vbGreen、vbCrLf 等。

除了以上三种常量，还有固有常量。固有常量是 Access 自动定义的常量，可以使用对象浏览器来查看对象库中的固有常量列表。固有常量的前两个字母用来指明该常量的对象库。来自 Access 的常量以"ac"开头，来自 VBA 库的常量以"vb"开头，比如 vbRed 用来表示红色。

8.3.4 VBA 常用内部函数

内部函数是 VBA 系统为用户提供的标准过程，能完成许多常见运算。根据内部函数的功能，可将其分为数学函数、字符串函数、日期或时间函数、类型转换函数、测试函数等。

内部函数一般用于表达式中，有的能和语句一样使用。其使用形式如下：

函数名（＜参数 1＞＜，参数 2＞[，参数 3][，参数 4][，参数 5]…）。

关于常用函数部分，请参见第 1 章函数部分。

8.3.5 运算符和表达式

在 VBA 编程语言中，提供 4 种类型的运算符：算术运算符、关系运算符、逻辑运算符和连接运算符。表达式是各种数据、运算符、函数、控件和属性的组合，其运算结果是某个确定数据类型的值。表达式能实现数据计算、条件判断、数据类型转换等许多作用。

关于运算符和表达式部分，请参见第 1 章函数和表达式部分。

8.4 VBA 程序的控制结构

VBA 程序是由语句组成的。在 VBA 中，语句可以分为两大类，一类是声明语句，一类是执行语句。声明语句主要包括变量的定义、数据类型定义及函数和过程的声明等。可执行语句主要用于赋值操作，调用过程以及实现各种流程控制。

在 VBA 程序中，控制结构语句包含三种基本结构：顺序结构、选择结构和循环结构。

顺序结构：按程序中语句编写的先后顺序逐条执行。

选择结构：根据条件选择运行不同的程序语句。

循环结构：根据条件将程序中的某段代码重复执行。

8.4.1 赋值语句

变量声明以后，需要为变量赋值，赋值语句将一个表达式或值指定给一个变量，为变量赋值。

赋值语句的语法格式为：

[Let] 变量名 = 表达式

通常使用等号（=）连接。

8.4.1.1 Let 语句

语句格式：[Let] 变量名 = 表达式或值

此语句的功能是，计算"="右侧的表达式，将计算结果（值）赋给左侧的变量。通常"Let"可以省略。

例如：Dim a As Integer

a=12

8.4.1.2 Set 语句

语句格式：Set 对象变量名 = 对象

Set 语句用来指定一个对象给已声明成对象的变量。"Set"是不可以省略的。

例如：Dim myChildForms As Form

Set myChildForms= New Form

注意：对用户自定义数据类型的变量赋值形式如下：

变量名 . 分量 = 表达式或值

8.4.1.3 使用赋值语句时需要注意以下几个方面

（1）不能在一个赋值语句中同时给多个变量赋值。例如 a=b=c=0 为错误的语句。

（2）赋值号左端只能是变量名称，不能是常量、常量标识符或表达式。例如 3=x+y、x+y=3 都为错误的语句。

（3）赋值语句中的 "=" 为赋值号，表示赋值操作，不要与关系运算符的 "=" 混淆。

8.4.2 选择结构

选择结构也称为分支结构，它通过对特定条件的判断来选择执行某一程序语句。在 VBA 中，共有两种选择语句结构，即 IF 语句结构和 SELECT CASE 语句结构。

8.4.2.1 If 语句

If 语句是常用的选择结构语句，有 3 种结构：

（1）单分支结构。语法格式为：

If 条件表达式 Then 语句序列

或

If 条件表达式 Then 语句序列

End If

先计算条件表达式的值，当条件表达式的值为真（True）时，执行语句或语句序列。执行完语句或语句序列后，将执行 End If 语句之后的语句。当条件表达式的值为假（False）时，直接执行 End If 语句之后的语句。单分支流程如图 8-8 所示。

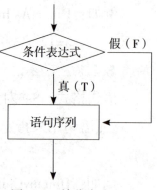

图 8-8　单分支流程图

【例 8.7】输入一个数，求出该数的绝对值。计算窗体，如图 8-9 所示。

Private Sub Text1_GotFocus() 'Text1 文本框聚焦事件

Dim x As Integer

x = Text0.Value　　'Text0 为第一个文本框的名称，用来输入 x 的值

If x < 0 Then

　　x = -x

End If

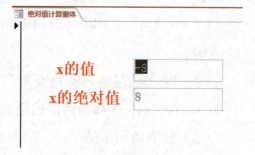

Text1.Value = x　　'Text1 为第二个文本框的名称，用来输出 x 的绝对值

图 8-9　绝对值计算窗体

Text0.SetFocus　　'将输入光标设置在文本框 Text0 中，等待输入下一个数据

End Sub

（2）双分支结构。语法格式为：

If 条件表达式 Then

　　语句序列 1

Else

　　语句序列 2

End If

程序运行时先计算条件表达式，如果值为真（Ture）时，执行"语句序列 1"；如果值为

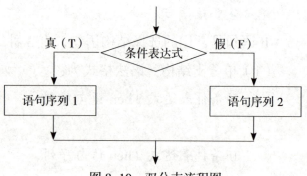

图 8-10　双分支流程图

假（False）时，执行"语句序列 2"，双分支流程如图 8-10 所示。

【例 8.8】输入两个整数，求出这两个数中较大的数并输出。计算窗体，如图 8-11 所示。

```
Private Sub Text3_GotFocus()    'Text1 文本框聚焦事件
Dim x As Integer, y As Integer, max As Integer
x = Text1.Value  'Text1 为第一个文本框的名称，用来输入 x 的值
y = Text2.Value  'Text2 为第二个文本框的名称，用来输入 y 的值
If  x >= y Then
    max = x

Else
    max = y

End If
Text3.Value = max  'Text1 为第三个文本框的名称，用来输出 max 的值
End Sub
```

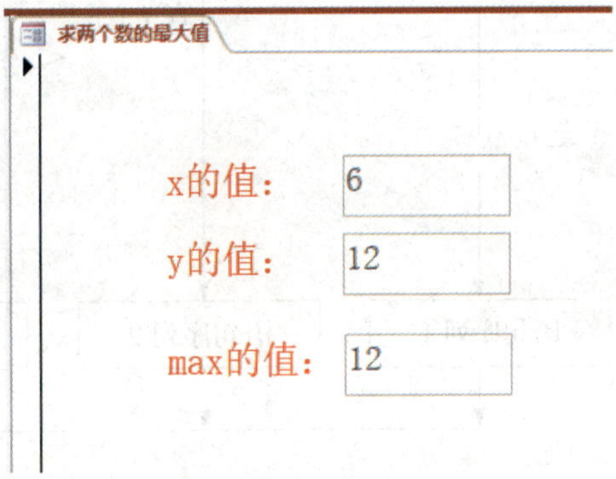

图 8-11　求最大值窗体

（3）多分支结构。语法格式为：

```
If 条件表达式 1 Then
    语句序列 1
ElseIf 条件表达式 2 Then
    语句序列 2
…
ElseIf 条件表达式 n Then
    语句序列 n
[Else
    语句序列 n+1]
End If
```

程序运行时先计算条件表达式 1，如果值为真（Ture）时，执行"语句序列 1"，如果值为假（False）时，计算条件表达式 2；如果条件表达式 2 值为真（Ture）时，执行"语句序列 2"……依次类推，直到最后所有条件都为假（False）时，执行"语句序列 n+1"，多分支流程如图 8-12 所示。

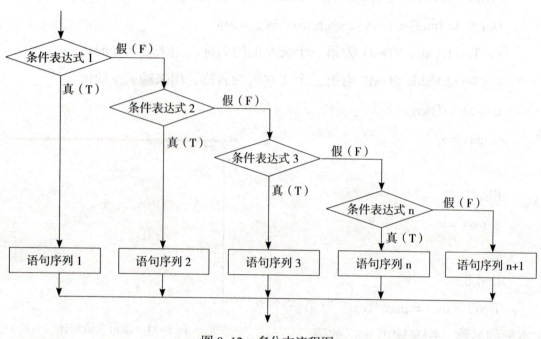

图 8-12　多分支流程图

【例 8.9】输入一个学生的成绩，显示该学生的成绩评定结果。要求：

当 x<60，输出"不及格"。

当 60 ≤ x < 70，输出"及格"。

当 70 ≤ x < 80，输出"中等"。

当 80 ≤ x < 90，输出"良好"。

当 90 ≤ x ≤ 100，输出"优秀"。

成绩等级评定窗口如图 8-13 所示。

其中"确定"按钮的鼠标单击事件代码如下：

Private Sub Command0_Click()　'确定命令按钮单击事件

图 8-13　成绩等级评定窗口

```
Dim score As Integer
score = Text0.Value 'Text0 为第一个文本框的名称，用来输入成绩
If  score>= 90 Then
    MsgBox ＂优秀＂
ElseIf  score>= 80 Then
    MsgBox ＂良好＂
ElseIf  score>= 70 Then
    MsgBox ＂中等＂
ElseIf  score>= 60 Then
    MsgBox ＂及格＂
Else
    MsgBox ＂不及格＂
End If
Text0.SetFocus '将输入光标设置在文本框 Text0 中，等待输入下一个成绩
End Sub
```

8.4.2.2 Select Case 语句

当条件选项多、分支比较多时，使用 If 语句就会使得程序变得复杂，因为使用 If 结构就必须运用多层嵌套，使得程序变得不易阅读。而 Select Case 语句能很好地解决这类问题，并且程序结构清晰。

语法格式为：

```
Select Case 表达式
    Case 表达式列表 1
        语句序列 1
    [Case 表达式列表 2]
        [语句序列 2]
        ……
    [Case 表达式列表 n]
        [语句序列 n]
    [Case Else
```

```
[语句序列 n+1]
End Select
```

功能：

先计算表达式的值，如果表达式的值与第 i（i=1，2，…n）个 Case 表达式列表的值匹配，则执行序列 i 中的语句；如果表达式的值与所有表达式列表中的值都不匹配，则执行语句序列 n+1。

说明：

（1）Select Case 后面的表达式只能是数值型或字符型。

（2）语句中的各个表达式列表应与 Select Case 后面的表达式具有相同的数据类型。

其中，表达式列表可以是用逗号分隔开的一组枚举表达式，也可以含有关键字"To"，如 2 To 6，前一个值必须是小的值（如果是数值，指的是数值大小；如果是字符串，则指字符排序），且表达式的值必须介于两个值之间。如果表达式列表中含有关键字 Is，则表达式的值必须为真。

（3）Case 语句是依次测试的，执行第一个匹配的 Case 语句序列，后面即使再有符合条件的分支也不被执行。

（4）语句块 1~n+1，都可以包含一条或多条语句。

【例 8.10】输入一个学生的成绩，显示该学生的成绩评定结果。Select Case 语句实现。

图 8–13 窗体同样适用于本例，运行结果如图 8–14。

```
Private Sub Command0_Click()
Dim score As Integer
Dim grade As String
score = Text0.Value
Select Case score
Case  Is >= 90
        grade = "优秀"
Case  80 To 89
```

```
        grade = " 良好 "
    Case 70 To 79
        grade = " 中等 "
    Case  60 To 69
        grade = " 及格 "
    Case  Else
        grade = " 不及格 "
End Select
MsgBox " 成绩等级为：" + grade
Text0.SetFocus
End Sub
```

图 8-14　成绩评定窗体

8.4.2.3 条件函数

除了上述条件语句外，VBA 还有 3 个函数具有选择功能，它们是 IIf 函数、Switch 函数和 Choose 函数。

（1）IIf 函数。IIf（条件式，表达式 1，表达式 2），该函数根据 " 条件式 " 的值来决定函数返回值。" 条件式 " 的值为 " 真（True）"，函数返回 " 表达式 1" 的值；" 条件式 " 的值为 " 假（False）"，函数返回 " 表达式 2" 的值。

【例 8.11】将变量 a 和 b 中值大的量存放在变量 Max 中。

Max=IIf(a>b,a,b)

（2）Switch 函数。Switch(条件式 1, 表达式 1 [, 条件式 2, 表达式 2 … [, 条件式 n, 表达式 n]])。

该函数根据不同条件式的值来决定函数的返回值。函数依次判断条件式 1、条件式 2……条件式 n，直到出现值为真（Ture）时，返回对应的表达式值。如果其中有部分不成对，则会产生一个运行错误。例如：

y = Switch(x > 0, 1, x = 0, 0, x < 0, –1)

以上语句的功能是：当 x 值为正数时，给变量 y 赋值 1；当 x 值为零时，给变量 y 赋值 0；当 x 值为负数时，给变量 y 赋值 –1。

（3）Choose 函数。Choose(索引式 , 选项 1 [, 选项 2,…[, 选项 n]])。

该函数根据"索引式"的值来返回选项列表中的某个值。如："索引式"的值为1，函数返回"选项1"的值；"索引式"的值为2，函数返回"选项2"的值；依次类推。如果"索引式"的值为小于1或大于列表项的数目时，函数返回无效值（Null）。例如：

m = 3 : n = 6   '给变量 m 和 n 赋值

y = Choose(x, 5, m + 1, n)

以上语句的功能是：当 x 的值是1时，给变量 y 赋值5；当 x 的值是2时，给变量 y 赋值4（m 值是3，3+1=4）；当 x 的值是3时，给变量 y 赋值6（n 值是6）。

8.4.3 循环结构

在程序设计中，如果需要重复执行某些相同的操作，可以采用循环结构。循环结构可以使程序反复执行某些语句，在程序设计中采用循环结构可以大大降低代码的长度和复杂度，提高程序的可读性。

在 VBA 中，循环结构有3种基本的形式：For…Next 语句、Do…Loop 语句和 While…Wend 语句。

8.4.3.1 For … Next 语句

For 循环语句是将一段代码重复执行指定的次数，属于计数型循环。语句格式如下：

    For 循环变量 = 初值 To 终值 [Step 步长]

        循环体

        [条件语句序列

        Exit For

        结束条件语句序列]

    Next [循环变量]

（1）参数说明。① 循环变量必须是数值型变量。② 步长一般是正数，也可以为负数。如果步长为1时，可以省略。③ 根据初值、终值和步长，可以确定循环的次数。一般可以用公式"循环次数 =（终值 − 初值 +1）/ 步长"来计算循环次数，但如果循环变量的值在循环体内被更改，则不能使用公式来计算。④ Exit For 语句用来提前退出循环，一般与选择结构结合使用。

（2）语句的执行步骤。① 将初值赋值给循环变量。② 将循环变量与终值比较，根据比较的结果来确定循环是否进行，比较分为三种情况。步长 > 0 时：若循环变量 <= 终值，循环继续，执行步骤③；若循环变量 > 终值，退出循环。步长 = 0 时：若循环变量 <= 终值，进行无限次的死循环；若循环变量 > 终值，一次也不执行循环。步长 < 0 时：若循环变量 >= 终值，循环继续，执行步骤③；若循环变量 < 终值，退出循环。③ 执行循环体。如果在循环体内执行到 Exit For 语句，则直接退出循环。④ 循环变量增加步长，即循环变量 = 循环变量 + 步长，程序转到②执行。当缺省步长时，步长的默认值为 1。

For … Next 语句流程如图 8-15 所示。

【例 8.12】　求 1+2+3+…+100 的和，并输出显示。求和窗体，如图 8-16 所示。

Private Sub Command1_Click()　'求和命令按钮单击事件

Dim i As Integer, s As Integer

s = 0

For i = 1 To 100

　　s = s + i

Next i

Text1.Value = s

End Sub

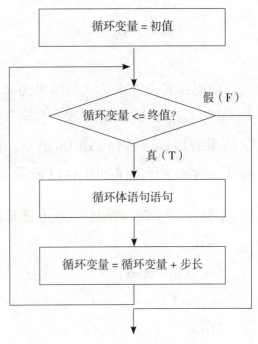

图 8-15　For…Next 语句流程图

图 8-16　求和窗体

8.4.3.2 Do…Loop 语句

Do…Loop 语句根据某个条件是否成立来决定能否执行相应的循环体部分，它有以下几种格式。

（1）Do While…Loop 语句。

语句格式如下：

　　Do While 条件表达式

　　　　语句序列 1

　　[Exit Do]

　　　　语句序列 2

　　Loop

功能：若条件表达式的结果为真，则执行 Do 和 Loop 之间的循环体，直到条件表达式结果为假；若遇到 Exit Do 语句，则结束循环。具体执行流程如图 8-17 所示。

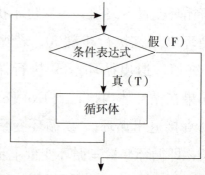

图 8-17　Do While…Loop 语句流程图

【例 8.13】Do While…Loop 循环语句示例。

　　i=0

　　Do While i<=5

　　　i=i+1

　　Loop

以上循环的执行次数是 6 次。

（2）Do Until…Loop 语句。

语句格式如下：

　　Do Until 条件表达式

　　　　语句序列 1

　　[Exit Do]

　　　　语句序列 2

　　Loop

功能：若条件表达式的结果为假，则执行 Do 和 Loop 之间的循环体，直到条件表达式结果为真；若遇到 Exit Do 语句，则结束循环。具体执行流程如图 8-18 所示。

【例 8.14】Do Until…Loop 循环语句示例。

```
i=0
Do Until i<=5
  i=i+1
Loop
```

以上循环的执行次数是 0 次。

（3）Do Loop…While 语句。

语句格式如下：

```
Do
    语句序列 1
    [Exit Do]
    语句序列 2
Loop While 条件表达式
```

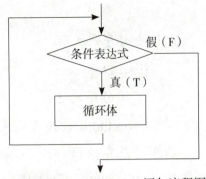

图 8-18　Do Until…Loop 语句流程图

功能：首先执行一次 Do 和 Loop 之间的循环体，执行到 Loop 时判断条件表达式的结果，如果为真，继续执行循环体，直到条件表达式结果为假；若遇到 Exit Do 语句，则结束循环。具体执行流程如图 8-19 所示。

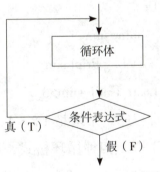

图 8-19　Do Loop…while 语句流程图

【示例】Do …Loop While 循环语句示例。

```
sum=0
Do
  sum=sum+1
  Debug.Print sum
Loop While sum>3
```

运行程序，结果是 1。

Do Loop⋯Until 语句

语句格式如下：

Do

 语句序列 1

 [Exit Do]

  语句序列 2

Loop Until 条件表达式

功能：首先执行一次 Do 和 Loop 之间的循环体，执行到 Loop 时判断条件表达式的结果，如果为假，继续执行循环体，直到条件表达式结果为真；若遇到 Exit Do 语句，则结束循环。具体执行流程如图 8−20 所示。

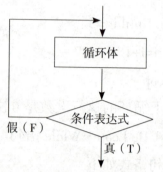

图 8−20　Do Loop⋯Until 语句流程图

【例 8.15】Do ⋯Loop Until 循环语句示例。

 sum=0

 Do

  sum=sum+1

  Debug.Print sum

 Loop Until sum>3

运行程序，结果是 1 2 3 4。

关于以上四种循环格式，有如下说明：①语句（1）和语句（2）先判断后执行，循环体有可能一次也不执行。语句（3）和语句（4）为先执行后判断，循环体至少执行一次。②关键字 While 用于指明当条件为真 (True) 时，执行循环体中的语句，而 Until 正好相反，条件为真 (True) 前执行循环体中的语句。③在 Do⋯Loop 循环体中，可以在任何位置放置任意个数的 Exit Do 语句，随时跳出 Do⋯Loop 循环。④如果 Exit Do 使用在嵌套的 Do⋯Loop 语句中，则 Exit Do 会将控制权转移到其所在位置的外层循环。

8.4.3.3 While⋯Wend 语句

For ⋯ Next 循环，适合于循环次数事先能够确定的问题。对于只知道控制条件，但不能预先确定执行多少次循环体的情况，可以使用 While…Wend 循环。

语句格式如下：

　　While 条件表达式

　　　语句序列

　　Wend

（1）执行过程。①判断条件是否成立，如果条件成立，就执行 While 和 Wend 之间的语句序列循环体；否则，转到第三步执行。②执行 Wend 语句，转到第一步执行。③执行 Wend 语句下面的语句。

（2）While 循环语句说明。① While 循环语句本身不能修改循环条件，所以必须在 While…Wend 语句的循环体内设置相应语句，使得整个循环能够结束，以避免死循环。② While 循环语句先对条件进行判断，然后才决定是否执行循环体。如果开始条件就不成立，则循环体一次也不执行。③凡是用 For…Next 循环编写的程序，都可以用 While…Wend 语句实现；反之则不然。

【例 8.16】While…Wend 循环语句示例。

```
i=0
While i<=3
    Debug.Print i
    i=i+1
Wend
```

运行程序，结果是 1 2 3。

8.4.4 标号和 GoTo 语句

GoTo 语句用于无条件地将程序的控制转移到标记的语句或代码块上。其语法格式如下：

GoTo 行号

程序运行到此结构，会无条件转移到其后的"标号"位置，并从那里继续执行。GoTo 语句使用时，"标号"位置必须首先在程序中定义好，否则转

移无法实现。

【例 8.17】GoTo 语句示例。

```
sum=0
For i=1 to 100
    sum=sum+i
    If sum>=500 then GoTo Mline
Next i
Mline:Debug.print sum
```

在立即窗口中显示结果为 528。

8.5 面向对象程序设计

面向对象程序设计（Object-oriented programming，缩写为 OOP）是一种程序设计范型，同时也是一种程序开发的方法。不同于结构化程序设计思想，面向对象的系统观认为，一个系统是由若干对象以及这些对象间的交互构造而成。

VBA 程序设计是一种面向对象的程序设计，要理解面向对象的思想，必须理解对象、属性、方法和事件。

8.5.1 类和对象

类是面向对象可视化编程中最基本的概念之一，它是具有共同抽象的对象的集合。类定义了一个抽象模型。类实例化后就称为对象。换言之，将对象的共同特征抽取出来就是类。类是模板，而对象是以类为模板创建出来的具体的实例，类与对象就像模具与成品的关系。比如，某个学校的每一个学生就是一个对象，将这个学校的所有学生抽象化，就形成学生类，而每个学生就是学生类的实例。

在 Access 中，一个窗体是一个对象，它是 Form 类的实例；一个报表是一个对象，它是 Report 类的实例；一个文本框是一个对象，它是 TextBox 类的实例，等等。事实上，放在窗体上的一个具体的控件就是其控件类所对应的实例。

需要说明的是，在 Access 中，引用一个对象时，一般要指明它的上一级是哪个，最前面的就是根对象。例如：

[Forms]![窗体 1]![text0]="0312"

其中，Forms 就是窗体对象的根。此外，报表的根对象为 Reports，屏幕对象的根对象为 Screen，立即窗口的根对象为 Debug，应用程序的根对象为 Application，而 DBEngine 为数据库管理系统、表对象、查询对象、记录对象、字段对象的根。

8.5.2 对象的属性

每个对象都有一组特征，它们是描述对象的数据，这组特征称为属性。它是对对象的静态描述，是对象的状态，用数据值来描述。

每个对象都有属性，对象的属性定义了对象的特征，诸如大小、颜色、品牌或某一方面的行为。比如，窗体的大小、控件的位置等都是此窗体对象的属性。

可以通过属性对话框来设置某个控件对象的属性，也可以通过代码来设置。通过代码来设置某个对象的属性值的格式为：

对象名 . 属性 = 属性值

例如，设置窗体的 Caption 属性来改变窗体的标题：

myForm.Caption= "欢迎学习 VBA 编程基础"

还可以通过属性的返回值来检索对象的信息，如利用下面的代码可以获取当前活动窗体中的标题。

name=Screen.ActiveForm.Caption

8.5.3 对象的方法

对象的方法是指在对象上可以执行的操作，通过方法可以控制对象的行为。比如命令按钮要从一个位置移到另外一个位置，就通过调用命令按钮的"Move"方法来完成。

方法其实就是该对象类内部定义的一个子过程或函数，可以有返回值，也可以没有。对象的方法一般通过代码来实现，应用某个对象的方法的格式为：

对象名.方法 [参数1][,参数2][,…][,参数n]

其中，参数是应用程序向该方法传递的具体数据，有些方法并不需要参数。

例如，刷新当前窗体：myForm.Refresh

8.5.4 事件和事件过程

8.5.4.1 事件

在VBA中，事件是窗体、报表或控件等对象可以识别的动作。在多数情况下，事件是通过用户的操作产生的。例如，单击鼠标、选取某数据表等。

系统为每个对象预先定义好了一系列的事件，事件不能由用户任意定义，而由系统指定。要了解不同类对象有哪些事件，可以在窗体或报表的设计视图下打开属性对话框，在属性对话框的对象组合框中选择某个对象，再选择事件选项卡，就能看到该对象的事件名称，如图8-21所示。

总体来说，Access中的事件主要有键盘事件、鼠标事件、窗口事件、对象事件和操作事件等。

（1）键盘事件。用户对键盘的操作可以当作一种事件来处理。例如，当窗体工控件获得焦点时，用户按下按键，此时将发生KeyDown事件。常用的键盘输入事件见表8-6。

图 8-21　通过属性对话框认识窗体的事件

表 8-6　键盘输入事件

事件名称	触发条件
KeyDown	当控件或窗体获得焦点时，按下任意键时发生
KeyPress	当控件或窗体获得焦点时，按下或释放会产生 ASCII 码的键时发生
KeyUp	当控件或窗体获得焦点时，释放一个按下的键时发生

（2）鼠标事件。鼠标是用户最常用的工具，窗体和很多控件都具有鼠标事件。例如当用户在一个对象上按下鼠标然后释放时，Click 事件会发生。常用的鼠标操作事件见表 8-7。

表 8-7　鼠标操作事件

事件名称	触发条件
Click	用户对控件或窗体单击鼠标时发生
DblClick	用户对控件或窗体双击鼠标时发生
MouseDown	用户在控件或窗体上按下鼠标时发生
MouseMove	用户在控件或窗体上移动鼠标时发生
MouseUp	用户在控件或窗体上释放按下的鼠标时发生

（3）窗口事件。窗口是其他对象的容器，当窗口被打开、关闭或改变大小时都会触发相应的事件。常用的窗口事件见表 8-8。

表 8-8　窗口事件

事件名称	触发条件
Open	当窗体被打开时发生
Load	当窗体被装入内存时发生
Unload	当窗体从内存卸载时发生
Resize	当窗体被改变大小时发生
Acitivate	当窗体被激活时发生
Close	当窗体被关闭时发生
Timer	当计时器间隔被设置为非 0 的正值时

（4）数据操作事件。用户操作数据库，主要处理数据表中的记录。Access 中的数据操作事件见表 8-9。

表 8-9　数据操作事件

事件名称	触发条件
AfterInsert	在数据库中插入一条新记录后发生
AfterUpdate	在控件和记录的数据被更新后发生
BeforeInsert	在开始向新记录中写第一个字符，但记录还没有添加到数据库时发生
BeforeUpdate	在控件和记录的数据被更新之前发生
Change	在文本框或组合框的文本部分内容更改时发生
Current	当焦点移动到一个记录，成为当前记录时发生
Delete	在删除一条记录，但在确认之前时发生
AfterDelConfirm	用户确认删除操作，并在记录已实际被删除或删除操作被取消后发生
BeforeDelConfirm	在删除一条或多条记录之后，在确认删除之前发生

（5）焦点处理事件。焦点可由用户或应用程序设置。具有焦点的对象通常由突出显示的标题或标题栏指示。常用的焦点处理事件见表 8-10。

表 8-10　焦点处理事件

事件名称	触发条件
Active	在窗体或报表等成为当前窗口时发生
Enter	在控件接收焦点之前时发生，此事件在 GotFocus 之前发生
Exit	在焦点从一个控件移到另一个控件之前时发生，在 LostFocus 之前发生
GotFocus	当窗体或控件接受焦点时发生
LostFocus	当窗体或控件失去焦点时发生

8.5.4.2　事件过程

当对象上发生了事件后，应用程序就要处理这个事件，而处理步骤的集合就构成了事件过程。如果根据处理步骤编写了程序代码，当该事件发生的时候，Access 会执行对应的程序代码，该程序代码称为事件过程。事件过程的一般格式如下：

Private Sub 对象名 _ 事件名（[参数表]）

语句序列

End Sub

【例 8.18】鼠标单击 Command1 命令按钮时，使标签 label0 的字体颜色变为红色。

Private Sub Command1_Click()

　　label0.ForeColor = 255　　　' 标签 label0 的字体颜色设置为红色

End Sub

【例 8.19】窗体加载时，窗体的标题设置为当前的系统日期。

Private Sub Form_Load()

　' 窗体加载时，窗体的标题设置为当前的系统日期

　　Me.Caption=Date()

End Sub

8.6 VBA 模块的创建

　　在 Access 系统中，利用宏对象可以完成一些事件的响应处理。例如，打开一个窗体或报表，输出一个消息框。但是它只能处理一些简单的操作，对实现较复杂的操作，例如循环、判断以及与其他高级语言的接口、对数据库中的数据项的直接操作（例如直接操作数据表，表间的操作）等，还需要编制一些程序，配合以上所介绍的如表、查询、窗体、报表与宏的应用共同来实现。当开发复杂应用程序时，就可以利用 VBA 模块。

　　模块是由一种叫作 VBA(Visual Basic for Application) 的语言来实现的。VBA 是微软公司将 Visual Basic 的一部分代码结合到 OFFICE 中而形成的。模块是存储在一个单元中的 VBA 声明和过程的集合。

8.6.1 VBA 标准模块的创建和调用

8.6.1.1 VBA 标准模块的创建

　　创建方法如下：打开数据库，单击"创建"选项卡→"宏与代码"选项组→"模块"按钮，即可在 VBE 编辑器中创建一个空白模块，如图 8-22 所示。

　　之后就可以在此窗口中编写模块程序代码。

图 8-22　模块定义窗口

8.6.1.2 VBA 标准模块的调用

　　VBA 标准模块的调用，实质是对模块中编写过程的调用。模块的调用有直接调用和事件过程调用两种方式。

　　（1）直接调用。VBA 标准模块的直接调用是指直接通过模块名进行调用。

　　（2）事件过程调用。事件过程调用是指当窗体或控件等对象的某个事件（如单击）发生后，会执行标准模块中的过程。

8.6.2 Sub 子过程的创建和调用

8.6.2.1 Sub 子过程的定义

Sub 过程是执行一系列操作的过程，在执行完成后不返回任何值，是能执行特定功能的语句块。Sub 过程可以被置于标准模块和类模块中。

声明 Sub 过程的语法形式如下：

[Public | Private] [Static] Sub 子程序名（[< 参数 > [As 数据类型]]）

　　[< 一组语句 >]

　　[Exit Sub]　　// 表示跳出过程。

　　[< 一组语句 >]

End Sub

注意：Public Sub 表示在程序的任何地方都可以调用该子过程；Private Sub 表示该子过程只能被同一模块的过程调用；Static Sub 表示，当该子过程所在的模块处于打开状态时，该过程中的所有变量的值都将被保存。默认情况下为 Public Sub。

【例 8.20】定义一个子过程 swap，实现两个参数的交换。

Public Sub swap(a as Integer, b as Integer)

　　Dim c as Integer

　　c=a

　　a=b

　　b=c

End Sub

8.6.2.2 Sub 子过程的创建

以 swap 子过程为例介绍 Sub 子过程的创建方法。

（1）打开数据库。

（2）单击"创建"选项卡→"宏与代码"选项组→"模块"按钮，打开模块定义窗口。

（3）单击"插入"菜单→"过程"命令，弹出"添加过程"对话框。在"添加过程"对话框中，名称栏输入 swap，"类型"选项组中选择"子程序"，"范围"选项组中选择"公共的",如图 8-23 所示。

（4）单击"确定"按钮,在弹出的 VBE 窗口中添加了一个 swap 过程,在过程中输入代码,如图 8-24 所示。

（5）单击工具栏的"保存"按钮,即可保存模块。

8.6.2.3 Sub 子过程的调用

Sub 子过程的调用语法形式如下:

　　子过程名 [参数列表]
　　或
　　Call 子过程名 (参数列表)

注意:当用 call 关键字调用过程时,实参必须用圆括号括起来;当直接调用子过程名时,实参之间用","分隔,不用圆括号括起来。

【例 8.21】调用例 8.1 中定义的 swap 子过程。

创建过程及调用操作的过程如下:

（1）打开数据库。

（2）打开 swap 子过程所在的模块。

（3）单击"插入"菜单→"过程"命令,弹出"添加过程"对话

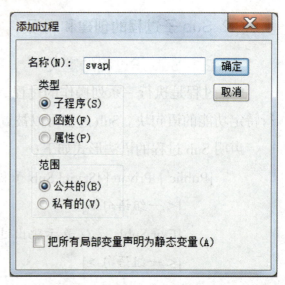

图 8-23 "添加 swap 过程"对话框

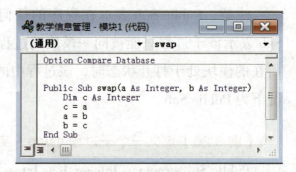

图 8-24　swap 过程

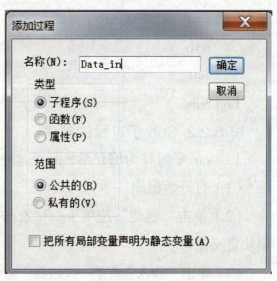

图 8-25 "添加 Data_in 过程"对话框

框。在"添加过程"对话框中，名
称栏输入"Data_in"，"类型"选项
组中选择"子程序"，"范围"选项
组中选择"公共的"，如图 8-25 所
示。

（4）单击"确定"按钮，在弹
出的 VBE 窗口中添加了一个 Data_
in 过程，在过程中输入代码，如图
8-26 所示。

（5）单击工具栏的"保存"按
钮，即可保存模块。

（6）将光标定位于 Data_in 过
程的任意位置，然后单击工具栏上
的 ▶（运行子过程 / 用户窗体）按
钮，将会显示运行结果，如图 8-27
所示。

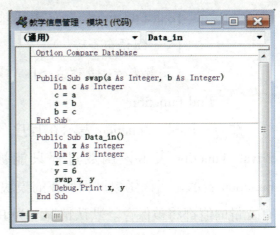

图 8-26　Data_in 过程代码

图 8-27　Data_in 过程运行结果

8.6.3 Function 函数过程的创建和调用

8.6.3.1 Function 函数过程的定义

Function 函数过程是包含在 Function 和 End Function 语句之间的一组语句
块，可以根据用户需要执行特定的功能。Function 过程与 Sub 过程类似，Sub
过程没有返回值，但是 Function 过程可以返回值。Function 过程通过函数名返
回一个值，这个值是在过程的语句中赋给函数名的。

声明 Function 函数过程的语法形式如下：

[Public | Private] [Static] Function 函数名（[< 参数 > [As 数据类型]]）

[As 返回值数据类型]

　　　[< 一组语句 >]

　　　[函数名 =< 表达式 >]

[Exit Function]　　// 表示跳出函数过程。

[< 一组语句 >]

[函数名 =< 表达式 >]

End Function

注意：Public Function 表示在程序的任何地方都可以调用该函数过程；Private Function 表示该函数过程只能被同一模块的函数过程调用；Static Function 表示，当该函数过程所在的模块处于打开状态时，该函数过程中的所有变量的值都将被保存。默认情况下为 Public Function。

【例 8.22】定义一个函数过程 C，求圆的周长。

Public Function C(r as Single) as Single

　　C=2*3.14*r

End Function

8.6.3.2 Function 函数过程的创建

以 C 函数过程为例介绍 Function 函数过程的创建方法。

（1）打开数据库。

（2）打开某一个模块。

（3）单击"插入"菜单→"过程"命令，弹出"添加过程"对话框。在"添加过程"对话框中，名称栏输入"C"，"类型"选项组中选择"函数"，"范围"选项组中选择"公共的"，如图 8-28 所示。

（4）单击"确定"按钮，在弹出的 VBE 窗口中添加了一个 C 函数过程，在过程中输入代码，如图 8-29 所示。

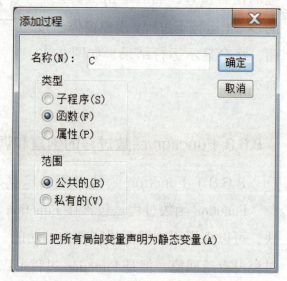

图 8-28 "添加 C 函数过程"对话框

图 8-29 C 函数过程代码

8.6.3.3 Function 函数过程的调用

函数过程调用的语法形式如下：

函数名 (实参 1, 实参 2, 实参 3,…，实参 n)

调用 Function 函数过程，比如要调用例题 8.3 中的 C 函数，只需要调用函数 C（r）即可，这里的 r 为实参。

【例 8.23】调用例题 8.3 中定义的 C 函数过程。

创建函数过程及调用操作的过程如下：

（1）打开数据库。

（2）打开 C 函数过程所在的模块。

（3）单击"插入"菜单→"过程"命令，弹出"添加过程"对话框。在"添加过程"对话框中，名称栏输入"Data_in"，"类型"选项组中选择"函数"，"范围"选项组中选择"公共的"，如图 8-30 所示。

（4）单击"确定"按钮，在弹出的 VBE 窗口中添加了一个 Data_in 函数过程，在函数过程中输入代码，如图 8-31 所示。

（5）单击"工具栏"的"保存"按钮，即可保存模块。

（6）将光标定位于 Data_in 函数过程的任意位置，然后单击工具栏上的 ▶（运行子过程 / 用户窗体）按钮，将会显示运行结果，如图 8-32 所示。

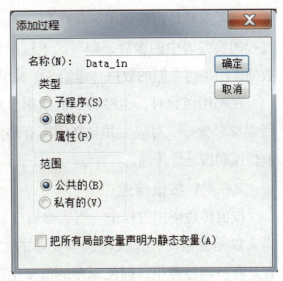

图 8-30 "添加 Data_in 函数过程"对话框

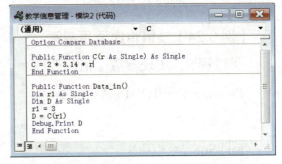

图 8-31 Data_in 过程代码

图 8-32 Data_in 函数过程运行结果

8.6.4 过程调用中的参数传递

过程调用中的信息交换主要通过参数传递来实现。参数分为形式参数（简称形参）和实际参数（简称实参）。

形式参数是在定义过程时，出现在 Sub 过程和 Function 过程的形参表中的变量名，即出现在过程名后面圆括号内的变量，它被用来接收调用该函数时传入的参数。

实际参数是指在调用 Sub 或 Function 过程时，出现在 Sub 过程和 Function 过程的实参表中的参数，即写入子过程名或函数名后括号内的参数。实际参数的作用是将它们的数据传递给 Sub 或 Function 过程与其对应的形参变量。

在调用函数时，实参将赋值给形参。因此，必须注意实参的个数，其类型应与形参一一对应，并且必须要有确定的值。参数的传递有两种方式：按值传递和按地址传递。

8.6.4.1 按值传递

按值传递调用过程中，当实参是常量时，直接将常量值传递给形参变量；当实参是变量时，仅仅将实参变量的值传递给形参变量，然后执行被调过程。在被调过程中，即使形参的值发生改变也不会影响实参值的变化。形参前面加 ByVal 的为按值传递。

【例 8.24】按值传递调用实例。

子过程 S，实现参数 x 值的改变：

```
Public Sub S(ByVal x As Integer)
    x = x * 2
End Sub
```

主过程 M，调用子过程 S 验证实参的变化：

```
Public Sub M()
Dim y As Integer
y = 3
Call S(y)
Debug.Print y
```

End Sub

程序运行结果如图 8-33 所示。

8.6.4.2 按地址传递

按地址传递调用，就是将实参的地址传递给相应的形参。形式参数与实际参数使用相同的内存地址

图 8-33　按值传递运行结果

单元，这样通过调用被调程序可以改变实参的值。在进行地址传递时，实际参数必须是变量，常量或表达式无法进行地址传递。系统缺省的参数传递方式是按地址传递，形参前面加 ByRef 的也是按地址传递。

【例 8.25】按地址传递调用实例。

子过程 S，实现参数 x 值的改变：

```
Public Sub S(ByRef x As Integer)
    x = x * 2
End Sub
```

主过程 M，调用子过程 S 验证实参的变化：

```
Public Sub M()
Dim y As Integer
y = 3
Call S(y)
Debug.Print y
End Sub
```

程序运行结果如图 8-34 所示。

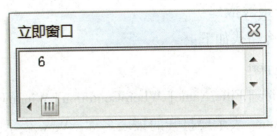

图 8-34　按地址传递运行结果

8.7 VBA 常用操作

VBA 编程时经常会进行打开 / 关闭窗体、报表操作，也会进行一些信息的输入和输出操作。

8.7.1 打开和关闭操作

8.7.1.1 打开窗体操作

在一个程序中往往包含多个窗体，窗体在程序中用代码互相关联，形成了一个有机的整体。窗体的打开关闭操作在 VBA 中是常见的。

打开窗体的命令格式如下：

DoCmd.OpenForm FormName[,View][, FilterName][,WhereCondition]
[,DataMode][,WindowMode] [,OpenArgs]

其中，FormName 表示要打开的窗体名称；View 表示打开窗体的视图方式；FilterName 与 WhereCondition 两个参数用于对窗体的数据源数据进行过滤和筛选；FilterName 表示当前数据库中查询的有效名称；WhereCondition 表示不包含 Where 关键字的有效 SQL Where 子句；DataMode 表示窗体的数据输入模式，仅适用于在窗体视图或数据表视图中打开的窗体；WindowMode 参数则表示窗体的打开形式；OpenArgs 用于设置窗体的 OpenArgs 属性。

【例 8.26】以对话框形式打开名为"学生信息登录"窗体。

Docmd.OpenForm" 学生信息登录 ",,,,,acDialog
注意，参数可以省略，取缺省值，但分隔符","不能省略。

8.7.1.2 打开报表操作

打开报表的命令格式如下：

DoCmd.OpenReport

ReportName[,View][,FilterName][,WhereCondition][,WindowMode] [,OpenArgs]

其中，ReportName 表示要打开的报表名称；View 表示打开报表的视图方式；FilterName 与 WhereCondition 两个参数用于对报表的数据源数据进行过滤和筛选；FilterName 表示当前数据库中查询的有效名称；WhereCondition 表示不包含 Where 关键字的有效 SQL Where 子句；WindowMode 参数则表示报表的打开形式；OpenArgs 用于设置报表的 OpenArgs 属性。

【例 8.27】预览名为"学生信息表"报表。

Docmd.OpenReport " 学生信息表 ",acViewPreView,，，

注意，参数可以省略，取缺省值，但分隔符"，"不能省略。

8.7.1.3 关闭操作

关闭操作的命令格式为：

Docmd.Close[,ObjectType][,ObjectName][,Save]

其中，ObjectType 表示要关闭对象的类型，通过该命令可以关闭表（acTable）、查询（acQuery）、窗体（acForm）、报表（acReport）、宏（acMacro）和模块（acModule）。由 DoCmd.Close 命令参数看到，该命令可以广泛用于关闭 Access 各种对象。省略所有参数的命令（DoCmd.Close）可以关闭当前窗体。Save 参数的说明情况见表 8-11。

表 8-11　save 参数说明

常量值	说明
acSaveNo	不保存
acSavePrompt	默认值，模块将关闭，不对保存更改。
acSaveYes	保存

【例 8.28】关闭名为"学生信息登录"窗体。

DoCmd.Close acForm," 学生信息登录 "

如果"学生信息登录"窗体就是当前窗体，则可以使用语句：DoCmd.Close。

8.7.2 输入框函数

输入框函数用于在一个对话框中显示提示，等待用户输入文本并按下按钮、返回包含文本框内容的字符串数据信息。它的功能在 VBA 中以函数的形式调用使用，其使用形式如下：

InputBox(prompt[,title][,default][,xpos][,ypos][,helpfile,context])

调用该函数,当中间若干个参数省略时,分隔符逗号","不能缺少。

InputBox 函数的各参数说明见表 8-12。

表 8-12　InputBox 参数说明

参数名称	说明
prompt	必选项。指在对话框中显示的字符串表达式,即消息。
title	可选项。在对话框标题栏中显示的字符串表达式,默认为应用程序名称。
default	可选项。如果指明为 default,当没有输入文本时,显示 default;如果忽略 default,当没有输入文本时,文本框显示为空。
xpos	可选项。表示对话框左侧边缘距离屏幕左边缘的水平距离。如果忽略,对话框水平居中。
ypos	可选项。表示对话框上侧边缘距离屏幕上边缘的垂直距离。如果忽略,对话框垂直居中。
helpfile	可选项。表示为对话框提供上下文相关帮助的帮助文件。如果有 helpfile 参数,必须提供 context 参数,这两个参数要么都有,要么都没有。
context	可选项。表示为帮助主题指定的帮助上下文编号。

【例 8.29】通过输入框输入学生姓名,并将姓名赋值给字符串变量 StrName。

Public Sub VBA 常用操作 ()

Dim StrName As String

StrName = InputBox(" 请输入学生信息 ", " 输入 ")

Debug.Print StrName

End Sub

该过程的运行结果如图 8-35 所示。

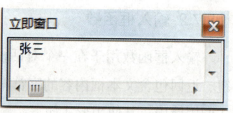

图 8-35　输入框函数运行结果

8.7.3 消息框

消息框函数用于在对话框中显示消息。它等待用户单击按钮，并返回一个整形值，该整型值表示用户单击了哪一个按钮。其使用形式如下：

MsgBox(prompt[,buttons][,title][,helpfile][,context])

MsgBox 函数的各参数说明见表 8–13。

表 8–13　MsgBox 参数说明

参数名称	说明
prompt	必选项。指在对话框中显示的字符串表达式，即消息。
buttons	可选项。数值表达式，表示要显示的按钮数目和类型、要使用的图标样式、默认按钮的标识，以及消息框的形态等各项值的总和。
title	可选项。在对话框标题栏中显示的字符串表达式，默认为应用程序名称。
helpfile	可选项。表示为对话框提供上下文相关帮助的帮助文件。如果有 helpfile 参数，必须提供 context 参数。这两个参数要么都有，要么都没有。
context	可选项。表示为帮助主题指定的帮助上下文编号。

MsgBox 函数的返回值表示单击操作的按钮见表 8–14。

表 8–14　MsgBox 函数返回值的含义参数说明

值	常量	单击操作对应的按钮
1	VbOk	确定
2	VbCancel	取消
3	VbAbort	终止
4	VbRetry	重试
5	vbIgnore	忽略
6	vbYes	是
7	vbNo	否

【例 8.30】通过消息框显示信息 "中国欢迎您!"。

Public Sub VBA 常用操作 ()

MsgBox " 中国欢迎您！",,"输出"

End Sub

该过程的运行结果如图 8-36 所示。

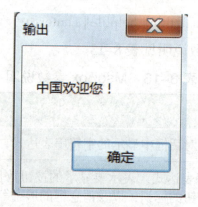

图 8-36　消息框函数运行结果

8.7.4 VBA 编程验证数据

使用窗体时，每当保存记录数据时，所做的更改便会保存到数据源表当中。在控件中的数据被改变之前或记录数据被更新之前会发生 BeforeUpdate 事件。通过创建窗体或控件的 BeforeUpdate 事件过程，可以实现对输入到窗体控件中的数据进行各种验证，如数据类型验证、数据范围验证等。

【例 8.31】对成绩录入窗体中进行数据验证，验证成绩文本框中输入的学生成绩。当学生成绩不在 0~100 内时，给予提示。

（1）创建一个"成绩录入"窗体，数据源为成绩表，如图 8-37 所示。

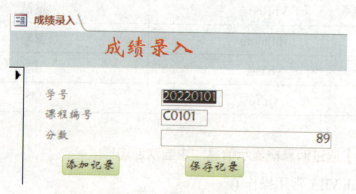

图 8-37　成绩录入窗体

（2）打开"成绩录入"窗体的设计视图，选中"分数"文本框，在其属性表中，单击"事件"选项卡，单击"更新前"后面的 … 按钮，弹出选择生成器窗口，如图 8-38 所示。

（3）在选择生成器窗口选择"代码生成器"命令，会进入 VBE 编程环境，在此编写"分数"文本框的 BeforeUpdate 事件过程代码，具体代码如下：

图 8-38　选择生成器窗口

```
Private Sub 分数_BeforeUpdate(Cancel As Integer)
    If Me!分数 = "" Or IsNull(Me!分数) Then    '输入成绩为空时，给予提示
        MsgBox "成绩不能为空！", vbCritical, "警告"
        Cancel = True        '取消 BeforeUpdate 事件
    ElseIf Me!分数 < 0 Or Me!分数 > 100 Then
        MsgBox "必须输入 0~100 之间的有效成绩！", vbOKOnly, "信息提示"
        Cancel = True        '取消 BeforeUpdate 事件
    Else
        MsgBox "成绩有效！", vbOKOnly, "信息提示"
    End If
End Sub
```

（4）保存事件代码，切换到"成绩录入"窗体的窗体视图，单击"添加记录"按钮。当输入学号及课程编号信息后，不输入分数时，单击"保存记录"按钮，会弹出警告提示，如图 8-39 所示。

图 8-39　成绩为空时警告提示

（5）当分数输入的数据不在0~100时，会弹出警告提示，如图8-40所示。

（6）当分数输入为88时，成绩保存成功，同时会给予提示，如图8-41所示。

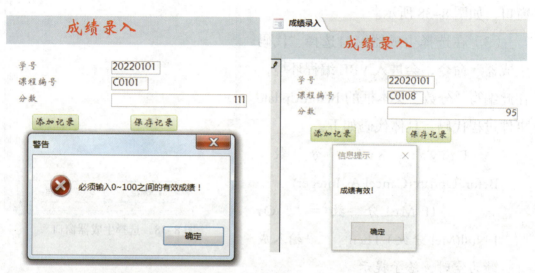

图8-40 成绩不在有效范围时警告提示   图8-41 成绩在有效范围时提示

常用的验证函数见表8-15。

表 8-15 VBA 常用验证函数说明

函数名	返回值	说明
IsNumeric	Boolean 值	指出表达式的运算结果是否为数值。返回 True，为数值。
IsDate	Boolean 值	指出一个表达式是否可以转换成日期。返回 True，可转换。
IsEmpty	Boolean 值	指出变量是否已经初始化。返回 True，未初始化。
IsError	Boolean 值	指出表达式是否为一个错误值。返回 True，有错误。
IsArray	Boolean 值	指出变量是否为一个数组。返回 True，为数组。
IsNull	Boolean 值	指出表达式是否为无效数据（Null）。返回 True，无效数据。
IsObject	Boolean 值	指出标识符是否表示对象变量。返回 True，为对象。

8.7.5 计时事件 Timer

VBA 编程中，没有 Timer 时间控件。要想实现"计时"功能，可以通过设置窗体的"计时器间隔（TimerInterval）"属性与添加"计时器触发（Timer）"事件来完成"计时"功能。

其处理过程是：Timer 事件每 TimerInterval 时间间隔就会被激发一次，并运行 Timer 事件过程来响应。这样不断重复来实现"计时"处理功能。

图 8-42 计时窗体及控件

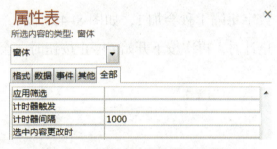

图 8-43 窗体计时器间隔属性设置

【例 8.32】在窗体上设置一个名为"Timer"的标签控件，一个"开始停止"命令按钮。利用该标签实现自动计数操作（从 1 开始），窗体打开时开始计数，单击"ok"按钮则停止计数，再单击一次"ok"按钮会继续计数。

（1）创建一个窗体，名为"计时窗体"。

（2）在窗体上添加一个标签控件和一个命令按钮，如图 8-42 所示。

（3）打开窗体属性窗口，设置"计时器间隔"属性值为 1000（以毫秒为计量单位，1000 表示间隔为 1 秒），并选择"计时器触发"属性为"事件过程"项，如图 8-43 所示。

（4）设计窗体的"计时器触发"事件、"打开"事件和"开始／停止"按钮的"单击"事件及相关变量的定义如下：

```
Option Compare Database

Dim flag As Boolean    '用于存储按钮的单击事件

Private Sub Command1_Click()  '开始／停止按钮的单击事件
```

```
        flag = Not flag
End Sub
Private Sub Form_Open(Cancel As Integer)    '窗体的打开事件
        flag = True           '窗体打开时，自动开始计时，标志变量设置为真
End Sub
Private Sub Form_Timer()   '计时器触发事件
        If flag = True Then '根据标识决定是否进行屏幕更新
            Me!timer.Caption = Val(Me!timer.Caption) + 1
        End If
End Sub
```

当"计时窗体"打开时，出现如图 8-44 界面。然后马上计时，标签上的数字每隔 1 秒会加 1，如图 8-45 所示。当按下开始 / 停止按钮时，会暂时停止计时，再次按下开始 / 停止按钮时，会继续计时。

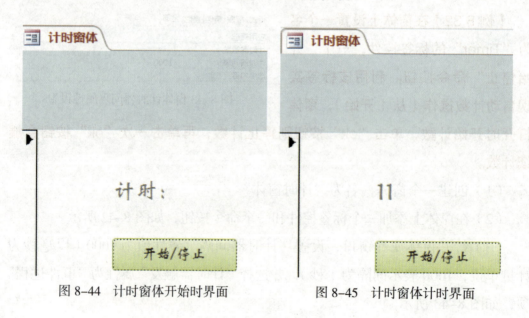

图 8-44　计时窗体开始时界面　　　　　图 8-45　计时窗体计时界面

8.8 ▶ VBA 的数据库编程技术

8.8.1 数据库引擎及其接口

数据库引擎以一种通用的接口形式建立应用程序和数据库之间的连接和交互。VBA 通过数据库引擎工具完成对数据库的访问。这些数据库引擎工具相当于一组动态链接库（Dynamic Link Library, DLL），当程序运行时被链接到 VBA 程序，从而实现对数据库的数据访问功能。它是应用程序和物理数据库之间的桥梁。

Microsoft Office VBA 主要提供了 3 种数据库访问接口：开放数据库互连应用编程接口 (Open DataBase Connectivity API，简称 ODBC API)、数据访问对象 (Data Access Object，简称 DAO) 和 ActiveX 数据对象 (ActiveX Data Objects，简称 ADO)。

8.8.1.1 开放数据库互连应用编程接口 (ODBC API)

ODBC（开放数据库互连）提供了一种标准的 API(应用程序编程接口) 方法来访问 DBMS (Database Management System)。这些 API 利用 SQL 来完成其大部分任务。ODBC 本身也提供对 SQL 语言的支持，用户可以直接将 SQL 语句送给 ODBC。开放数据库互连应用编程接口有比较大的独立性和开放性：与具体的编程语言无关，与具体的数据库系统无关，与具体的操作系统无关。

ODBC 的运用形式通常是由应用程序经过一个称之为 ODBC 管理器的工具间接调用 ODBC 驱动程序，从而访问对应的数据库。对于用户的应用程序而言，ODBC 驱动程序是相对不可见的。用户只需要在 ODBC 管理器中配置相应的数据库的数据源信息，并登录相应的 ODBC 驱动程序即可。

各个数据库厂商通常都为自己的数据库配置了 ODBC 驱动程序。从 Oracle、DB2、SQL Server 到微软的 Access 数据库，都有面向各自数据库产品的数据驱动程序。

8.8.1.2 数据访问对象 (DAO)

DAO(Data Access Objects) 是由 VB 提供的应用程序接口 (API)，它可以使程序员访问 Microsoft Access 数据库。DAO 对象包括 Access 的数据引擎功能。

通过数据引擎功能，它可以访问结构化查询语言 (SQL) 数据库。DAO 适合单系统应用程序或在小范围使用。

8.8.1.3 ActiveX 数据对象 (ADO)

ActiveX 数据对象（ActiveX Data Objects，ADO）是对当前微软所支持的数据库进行操作的最有效和最简单直接的方法，它是一种功能强大的数据访问编程模式。它可以使用 ADO 去编写紧凑简明的脚本以便连接到 Open Database Connectivity (ODBC) 兼容的数据库和 OLE DB 兼容的数据源，这样程序员就可以访问任何与 ODBC 兼容的数据库，包括 MS SQL SERVER、Access、Oracle 等等。

8.8.2 VBA 访问的数据库类型

通过数据库引擎，VBA 可访问的 3 种数据库类型如下：

（1）本地数据库，如 Access。

（2）外部数据库，如 dBase、FoxPro。

（3）ODBC 数据库，即所有遵循 ODBC 标准的 C/S 数据库，如 Oracle、SyBase、SQLSever。

8.8.3 数据访问对象

DAO 数据访问对象（Data Access Objects）是一种面向对象的界面接口。它用对象集合来处理数据库、表、视图和索引等。使用 DAO 编程可以访问并操作数据库，管理数据库的对象和定义数据库的结构等。

DAO 模型是设计关系数据库系统结构的对象类集合。它们提供了完成管理一个关系型数据库系统所需全部操作的属性和方法，这其中包括创建数据库，定义表、字段和索引，建立表间的关系，定位和查询数据库等。

Visual Basic 中的数据库编程就是创建数据访问对象，这些数据访问对象对应于被访问的物理数据库的不同部分，如数据库、表、字段和索引等。同时，用这些对象的属性和方法来实现对数据库的操作，以便在 Visual Basic 窗体中使用绑定和非绑定控件来显示操作结果并接收用户输入。

使用 DAO 访问数据库时，首先在 VBE 设置对象变量，然后通过对象变量调用访问对象的方法、设置访问对象的属性，从而实现对数据库的访问。使用 DAO 访问数据库的一般语句和步骤如下：

```
Dim ws As DAO.Workspace                           '定义 Workspace 对象

Dim db As DAO.Database                            '定义 Database 对象

Dim rs As DAO.RecordSet                           '定义 RecordSet 对象

Dim fd As DAO.Field                               '定义 Field 对象

'通过 Set 语句设置各个对象变量的值

Set ws=DBEngine.Workspace(0)                      '打开默认工作区

Set db=ws.OpenDatabase< 数据库的地址和文件名 >    '打开数据库

Set rs=db.OpenRecordSet< 表名、查询名或 SQL 语句 > '打开记录集

Do While Not rs.EOF                               '循环遍历整个记录直至末尾

    …                                            '对字段进行各种操作

    rs.MoveNext                                   '记录指针移到下一条

Loop                                              '返回到循环开始处

rs.Close                                          '关闭记录集

db.Close                                          '关闭数据库

Set rs=Nothing                                    '释放记录集对象变量所占内存空间

Set db=Nothing                                    '释放数据库对象变量所占内存空间
```

【例 8.33】在"教学信息管理"数据库中，学生表的众多字段中有一个"政治面貌"字段，该字段的取值有党员、预备党员、团员、群众和其他。要求统计各类型政治面貌学生的数量。

（1）创建一个"DAO 应用举例"窗体，在窗体上添加一个标签用于提示统计信息，并添加两个命令按钮，分别为"统计"和"退出"按钮，如图 8-46 所示。

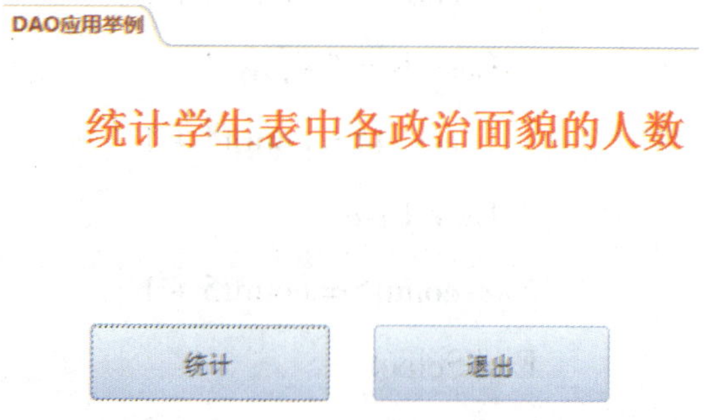

（2）设计"统计"按钮的单击

DAO应用举例

统计学生表中各政治面貌的人数

统计　　退出

图 8-46　DAO 应用窗体

事件代码如下：

```
Private Sub Command1_Click()
    Dim db As DAO.Database
    Dim rs As DAO.Recordset
    Dim fd As DAO.Field
    Dim count1 As Integer, count2 As Integer, count3 As Integer, count4 As Integer, count5 As Integer
    Set db = CurrentDb()
    Set rs = db.OpenRecordset(" 学生 ")
    Set fd = rs.Fields(" 政治面貌 ")
    count1 = 0
    count2 = 0
    count3 = 0
    count4 = 0
    count5 = 0
    Do While Not rs.EOF
        Select Case fd
            Case Is = " 党员 "
                count1 = count1 + 1
            Case Is = " 预备党员 "
                count2 = count2 + 1
            Case Is = " 团员 "
                count3 = count3 + 1
            Case Is = " 群众 "
                count4 = count4 + 1
            Case Else
                count5 = count5 + 1
        End Select
        rs.MoveNext
```

Loop

rs.Close

Set rs = Nothing

Set db = Nothing

　Label0.Caption = " 党员： " & count1 & ",预备党员： " & count2 & ",团员： " & count3 & ",群众： " & count2 & "，其他： " & count5

End Sub

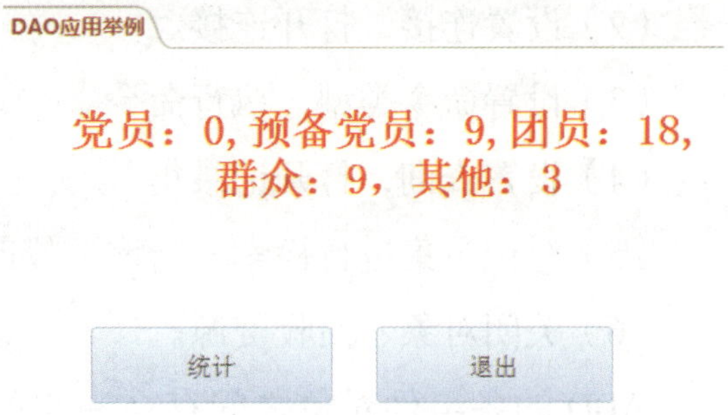

DAO应用举例

党员：0,预备党员：9,团员：18, 群众：9，其他：3

统计	退出

图 8-47　统计结果

（3）打开"DAO 应用举例"窗体的窗体视图，单击"统计"按钮，标签显示各政治面貌的学生人数，如图 8-47 所示。

8.8.4 ActiveX 数据对象

ActiveX 数据对象（ActiveX Data Objects，ADO）是对当前微软所支持的数据库进行操作的最有效和最简单直接的方法，它是一种功能强大的数据访问编程模式。ADO 对象模型是一系列对象的集合，对象不分级，可直接创建（Field 和 Error 除外）。ADO 的 5 种对象有：

（1）Connection 对象：建立到数据库的连接，通过连接可以使应用程序访问数据库。

（2）Command 对象：表示一个命令，在建立数据库连接后，可以发出命令操作数据源。

（3）RecordSet 对象：表示数据库操作返回的记录集，即代表一个数据记录的集合，该集合的记录来自于一个表、一个查询或一个 SQL 语句的执行结果。

（4）Field 对象：表示记录集中的字段。

（5）Error 对象：表示数据提供程序出错时的扩展信息。

使用时，通过创建的对象变量调用对象的方法并设置对象的属性，实现对数据库的访问。使用 ADO 访问数据库的一般过程和步骤如下：

（1）定义和创建 ADO 对象变量。

（2）设置连接，打开连接。

（3）设置命令类型，执行命令。

（4）设置查询，打开记录集。

（5）对记录集进行检索、新增、修改、删除。

（6）关闭对象、回收资源。

ADO 的各组件对象之间存在一定的联系，用 ADO 访问数据库主要使用 RecordSet 对象和 Connection 对象的联合使用、RecordSet 对象和 Command 对象的联合使用两种方式。

8.8.4.1 联合使用 RecordSet 对象和 Connection 对象

```
Dim cm1 As new ADODB.Connection            ' 定义 Connection 对象

Dim rs As new ADODB. RecordSet             ' 定义 RecordSet 对象

cm1.Provider="Microsoft.ACE.OLEDB. 12.0"   ' 设置数据提供者

cm1.Open< 连接字符串 >                       ' 打开数据库（连接数据源）

rs.Open< 查询字符串 >                        ' 打开记录集

Do While Not rs.EOF                         ' 循环遍历整个记录直至末尾

    …                                       ' 对字段进行各种操作

    rs.MoveNext                             ' 记录指针移到下一条

Loop                                       ' 返回到循环开始处

rs.Close                                   ' 关闭记录集

cm1.Close                                  ' 关闭数据库

Set rs=Nothing                             ' 释放记录集对象变量所占内存空间

Set cm1=Nothing                            ' 释放连接对象变量所占内存空间
```

8.8.4.2 联合使用 RecordSet 对象和 Command 对象

```
Dim cm2 As new ADODB.Command               ' 定义 Command 对象

Dim rs As new ADODB. RecordSet             ' 定义 RecordSet 对象

cm2.ActiveConnection=< 连接字符串 >          ' 建立命令对象的活动连接

cm2.CommandType=< 命令类型 >                 ' 指定命令对象的命令类型
```

代码	注释
cm2.CommandText=< 命令字符串 >	'建立命令对象的查询字符串
rs.Open cm2, < 其他参数 >	'打开记录集
Do While Not rs.EOF	'循环遍历整个记录直至末尾
…	'对字段进行各种操作
rs.MoveNext	"记录指针移到下一条
Loop	'返回到循环开始处
rs.Close	'关闭记录集
Set rs=Nothing	'释放记录集对象变量所占内存空间

需要注意的是，在运用 ADO 编程时，首先要打开 Microsoft ActiveX Data Objects 引用。打开步骤如下：

（1）在 VBE 环境下，单击"工具"菜单 –>"引用"命令，即可打开"引用"对话框，如图 8-48 所示。

（2）勾选"Microsoft ActiveX Data Objects"选项，然后单击"确定"按钮即可。

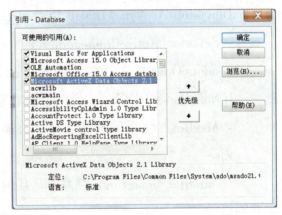

图 8-48 "引用"对话框

【例 8.34】在"教学信息管理"数据库中，"院系"表存储了院系的基本信息。要求利用 ADO 对象通过一个窗体的"添加"按钮插入一条院系信息。首先判定院系编号是否重复，如果编号重复，则给出提示信息，插入数据失败；如果院系编号不重复，则插入成功。

（1）创建一个"ADO 应用举例"窗体，在窗体上添加 5 个分别名为 Tno、Tdep、Tname、Ttel 和 Tweb 的文本框，分别用于存储院系编号、

图 8-49 "ADO 应用举例"窗体

院系名称、院长姓名、院办电话和院系网址。添加一个"添加记录"命令按钮和一个"退出"命令按钮，如图 8–49 所示。

（2）在"ADO 应用举例"窗体的设计视图下，单击"窗体"的"加载"属性后面的█，打开"选择生成器"窗口，选择"代码生成器"命令，单击"确定"按钮，即可打开 VBE 编程环境。在 VBE 环境下编写代码如下：

```
Private Sub Form_Load()
' 窗体装入时，连接 Access 数据库
    Dim adocn As New ADODB.Connection
    Set adocn = CurrentProject.Connection
End Sub
Private Sub Command10_Click()
' 添加院系记录
    Dim strsql As String
    Dim adors As New ADODB.Recordset
        Set adors.ActiveConnection = adocn
        adors.Open "select 院系编号 from 院系 where 院系编号 ='" + Tno + "'"
    If Not adors.EOF Then ' 说明已经存在院系编号，给出提示
        MsgBox " 院系编号已存在，添加未成功！"
    Else
        strsql = "insert into 院系 ( 院系编号 , 院系名称 , 院长姓名 , 院办电话 , 院系网址 )"
        strsql = strsql + "values( '" + Tno + "' , '" + Tdept + "' , '" + Tname + "' , '" + Ttel + "' , '" + Tweb + "' "
        adocn.Execute strsql
        MsgBox " 添加成功！"
    End If
    adors.Close
    Set adors = Nothing
End Sub
```

8.9　VBA 程序调试

　　程序调试是在将编制的程序投入实际运行前，用手工或编译程序等方法进行测试，修正语法错误和逻辑错误的过程。这是保证计算机信息系统正确性必不可少的步骤。为了方便编程人员修改程序中的错误，几乎所有的程序设计语言编辑器都提供了程序调试的手段。

8.9.1　错误类型

程序的错误主要有编译错误、运行错误和程序逻辑错误 3 种。

8.9.1.1　编译错误

编译错误又称为语法错误，分成编译错和链接错。

编译错就是普通意义上的语法错。编译器进行语法检查不通过，也就是程序违背了计算机语言的语法，如括号不匹配、变量名拼写错误、用保留字定义变量名等。

链接错是指程序通过了语法检查，但是无法生成可执行文件，最常见的是链接找不到 lib 库。有时写了函数的声明，但是缺少函数的定义，此时就会出现链接错。

8.9.1.2　运行错误

运行错误是程序可以执行，但是在执行过程中发生异常，提前退出程序。最常见的是指针越界，企图执行非法运算。总而言之，是让计算机执行一些不能执行的语句。

8.9.1.3　逻辑错误

逻辑错误是程序能运行，但结果不对。

主要原因有：程序算法本身错误，程序和算法不同义等。例如：新手经常将判断相等的 == 写成 = 赋值，就会导致逻辑错误。

8.9.2　调试错误

　　为了发现程序中的错误，VBA 提供了调试工具。调试工具，不仅可以帮助程序员发现并处理错误，而且还可以监视无错代码的运行状况。

在 VBE 环境中，单击"视图"→"工具栏"→"调试"命令，即可打开"调试"工具栏，如图 8-50 所示。

图 8-50 "调试"工具栏

"调试"工具栏各按钮的名称及作用见表 8-16。

表 8-16 "调试"工具栏按钮说明

按钮	名称	作用
	切换设计模式	打开或关闭设计模式。
	运行 / 继续	在设计阶段，运行子程序或窗体；在调试运行的"中断"阶段，程序继续运行至下一个断点或结束程序。
	中断	暂时中断程序运行并切换至中断模式进行分析。
	重新设置	中断程序运行。
	切换断点	用于设置 / 取消"断点"。
	逐语句	用于单步跟踪操作。每操作一次，程序执行一步。当遇到过程调用语句时，会跟踪到被调用过程内部去执行。
	逐过程	在调试过程中，遇到调用过程语句时，不跟踪进入到被调用过程内部，而是将调用某过程的操作看作一条语句在本过程内单步执行。
	跳出	用于当被调用过程内部正在调试运行的程序提前结束时，被调过程代码的调试，返回到主调过程调用语句的下一行语句。
	本地窗口	打开"本地窗口"窗口。
	立即窗口	打开"立即窗口"窗口。
	监视窗口	打开"监视窗口"窗口。
	快速监视	中断模式下，在程序代码区选定某个变量或表达式后单击此按钮，则打开"快速监视"窗口。
	调用堆栈	显示"调用"对话框，列出当前活动的过程调用（应用中已开始但未完成的过程）。

8.10　错误处理

当程序发生错误时，程序应能捕捉到错误并知道如何处理。错误处理子程序由设置错误陷阱和处理错误两部分组成。

8.10.1　设置错误陷阱

设置错误陷阱是在代码中使用 On Error 语句，当运行错误发生时，将错误拦截下来。捕捉错误有以下 3 种格式：

（1）On Error GoTo 语句标号。当其后的语句在运行期间发生错误时，程序跳转到语句标号所在的位置去执行。

（2）On Error GoTo 0。当发生错误时，关闭错误处理，停止错误捕捉，由系统处理错误。

（3）On Error Resume Next。忽略发生错误的语句，从出错语句的下一条语句开始继续执行。

8.10.2　编写错误处理代码

程序设计者可以编写错误处理代码，根据可预知的错误类型决定采取哪种措施。

【例 8.35】在一个窗体中通过命令按钮打开另外一个窗体，当遇到错误时报错。

（1）创建一个"错误处理代码示例"窗体，在窗体中创建一个提示标签，一个"打开学生窗体"命令按钮，一个"关闭窗体"命令按钮（名为 Cd2），如图 8-51 所示。

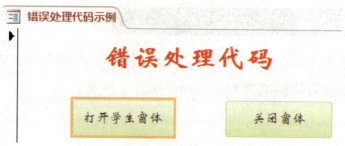

图 8-51 "错误处理代码示例"窗体

（2）创建"打开学生窗体"命令按钮的单击事件代码如下：

```
Private Sub Command1_Click()
    On Error GoTo errhanle ' 设置错误处理陷阱
    Cd2.ForeColor = 255
    DoCmd.OpenForm " 学生 "
    Exit Sub
errhanle:
    MsgBox " 错误 !"
```

（3）当把"学生"窗体删掉时，单击"打开学生窗体"命令按钮，运行
结果如图 8-52 所示。

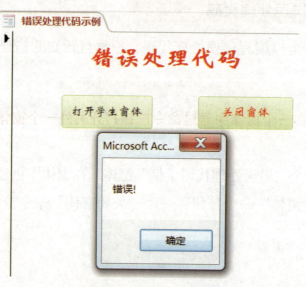

图 8-52　出错时运行结果

习　题

1. 选择题

（1）在 Access 数据库中，如果要处理具有复杂条件或循环结构的操作，则应该使用（　　）对象。

    A. 窗体   B. 模块

    C. 宏   D. 报表

（2）在下列关于宏和模块的叙述中，正确的是（　　）。

    A. 模块是能够被程序调用的函数

    B. 通过定义宏可以选择或更新数据

    C. 宏或模块都不能是窗体或报表上的事件代码

    D. 宏可以是独立的数据库对象，可以提供独立的操作动作

（3）下列不属于类模块对象基本特征的是（　　）。

    A. 事件   B. 属性   C. 方法   D. 函数

（4）下列关于 VBA 事件的叙述中，正确的是（　　）。

    A. 触发相同的事件可以执行不同的事件过程

    B. 每个对象的事件都是不相同的

    C. 事件都是由用户操作触发的

    D. 事件可以由程序员定义

（5）发生在控件接收焦点之前的事件是（　　）。

    A. Enter   B. Exit   C. GotFocus   D. LostFocus

（6）VBA 中定义符号常量可以用（　　）关键字。

    A. Const   B. Dim   C. Public   D. Static

（7）VBA 程序流程控制的方式有（　　）。

    A. 顺序控制和分支控制   B. 顺序控制和循环控制

    C. 循环控制和分支控制   D. 顺序、分支和循环控制

（8）以下可以得到 "2*5=10" 结果的 VBA 表达式为（　　）。

    A. "2*5" & "=" &2*5   B. "2*5" + "=" +2*5

    C. 2*5& "=" &2*5   D. 2*5+ "=" +2*5

（9）在 Access 中，DAO 的含义是（   ）。

    A．开放数据库互连应用编程接口   B．数据库访问对象

    C．Active 数据对象   D．数据库动态链接库

（10）在 Access 中，ADO 的含义是（   ）。

    A．开放数据库互连应用编程接口   B．数据库访问对象

    C．Active 数据对象   D．数据库动态链接库

（11）如果在被调用的过程中改变了形参变量的值；但又不影响实参变量本身，这种参数传递方式称为（   ）。

    A．按值传递   B．按地址传递

    C．ByRef 传递   D．按形参传递

（12）下列程序的功能是返回当前窗体的记录集

```
Sub GetRecNum ()

Dim rs As Objectset rs=_____

MsgBox rs.RecordCountEnd Sub
```

为保证程序输出记录集（窗体记录源）的记录数，空白处应填入的是（   ）。

    A．Recordset   B．Me.Recordset

    C．RecordSource   D．Me.RecordSource

（13）利用 ADO 访问数据库的步骤是：

    ①定义和创建 ADO 实例变量

    ②设置连接参数并打开连接

    ③设置命令参数并执行命令

    ④设置查询参数并打开记录集

    ⑤操作记录集

    ⑥关闭、回收有关对象

这些步骤的执行顺序应该是（   ）。

    A．①④③②⑤⑥   B．①③④②⑤⑥

    C．①③④⑤②⑥   D．①②③④⑤⑥

（14）下列叙述中，正确的是（   ）。

    A．Sub 过程无返回值，不能定义返回值类型

B．Sub 过程有返回值，返回值类型只能是符号常量

C．Sub 过程有返回值，返回值类型可在调用过程时动态决定

D．Sub 过程有返回值，返回值类型可由定义时的 As 子句声明

（15）在代码中定义了一个子过程：

　　　　Sub P(a, b)

　　　　…

　　　　End Sub

下列调用该过程的形式中，正确的是（　　）。

A．P(10，20)　　　　　　　　　　B．Cal1 P

C．Call P10,20　　　　　　　　　　D．Call P(10，20)

2．填空题

（1）过程参数传递过程中，参数的传递有两种方式：＿＿＿＿和＿＿＿＿，默认为＿＿＿＿传递。

（2）打开窗体的命令格式为＿＿＿＿。

（3）VBA 提供的程序运行错误处理语句有＿＿＿＿、＿＿＿＿和＿＿＿＿三种。

3．操作题

（1）在"教学信息管理"数据库中，教师表的众多字段中有一个"职称"字段，要求统计各职称教师的数量，通过窗体显示结果。

（2）设计一个窗体，通过命令按钮打开一个报表，当遇到错误时报错。

参考文献

[1] 赵洪帅．Access 2016 数据库应用技术教程 [M]．北京：中国铁道出版社，2020．

[2] 赵洪帅．Access 2016 数据库应用技术教程上机指导 [M]．北京：中国铁道出版社，2020．

[3] 白艳．Access 2016 数据库应用教程 (第二版)[M]．北京：中国铁道出版社，2021．

[4] 张志辉，余志兵，廖建平．Access 数据库技术及应用 [M]．北京：中国铁道出版社，2021．

[5] 陈薇薇，巫张英．Access2016 数据库基础与应用教程 [M]．北京：人民邮电出版社，2022．